Francisca Lagunes Olivares
Jorge Eduardo Cobos Velasco
Israel Estrada García

Avaliação da qualidade sanitária do queijo grelhado

Francisca Lagunes Olivares
Jorge Eduardo Cobos Velasco
Israel Estrada García

Avaliação da qualidade sanitária do queijo grelhado

Comercializado em Huejutla de Reyes, Hidalgo

ScienciaScripts

Imprint
Any brand names and product names mentioned in this book are subject to trademark, brand or patent protection and are trademarks or registered trademarks of their respective holders. The use of brand names, product names, common names, trade names, product descriptions etc. even without a particular marking in this work is in no way to be construed to mean that such names may be regarded as unrestricted in respect of trademark and brand protection legislation and could thus be used by anyone.

Cover image: www.ingimage.com

This book is a translation from the original published under ISBN 978-613-9-43679-8.

Publisher:
Sciencia Scripts
is a trademark of
Dodo Books Indian Ocean Ltd. and OmniScriptum S.R.L publishing group

120 High Road, East Finchley, London, N2 9ED, United Kingdom
Str. Armeneasca 28/1, office 1, Chisinau MD-2012, Republic of Moldova, Europe
Printed at: see last page
ISBN: 978-620-8-19294-5

Conteúdo

AGRADECIMENTOS AOS AUTORES E COLABORADORES

Gostaria de expressar a minha profunda gratidão à Engenheira Diana Laura Hernandez Maldonado pela sua valiosa contribuição para a parte experimental deste livro. A sua dedicação, conhecimentos e esforço foram fundamentais para o desenvolvimento e qualidade deste trabalho. O seu empenho e profissionalismo enriqueceram significativamente o conteúdo, e o seu apoio foi indispensável para alcançar os objectivos propostos.

Muito obrigado pela sua colaboração e por partilhar a sua experiência connosco.

Resumo

O presente trabalho foi realizado com o objetivo de avaliar a qualidade sanitária do queijo grelhado comercializado no mercado municipal de Huejutla de Reyes, Hgo; através de análises microbiológicas utilizadas para a deteção de diferentes indicadores de qualidade sanitária, tais como: Coliformes Totais, Bactérias Aeróbias Mesófilas, Coliformes Fecais, Fungos e Leveduras, *Escherichia coli* e *Salmonella spp*; comparando os resultados obtidos com a NOM-121-SSA1-1994 para identificar o conteúdo microbiano das diferentes amostras. Foram recolhidas amostras de queijo grelhado em cinco queijarias selecionadas aleatoriamente em três localidades de Veracruz (Ozuluama, Tempoal e Tantoyuca). Os dados foram analisados por análise de variância (ANOVA) e por comparação de médias pelo método de Tukey. Os resultados obtidos pela fórmula de Fisher em tabelas indicaram um valor de 2,591, que foi utilizado para os três tratamentos, modificando apenas os valores calculados por esta tabela. Depois de comparar estes resultados com os da tabela de Fisher, determinou-se que em dois dos tratamentos havia diferenças entre os resultados com os queijos e com o teste de Tukey determinou-se com o uso de literais que não havia diferenças realmente significativas entre cada uma das médias. Uma vez realizada a comparação de médias, finalmente realizou-se a comparação dos limites microbiológicos permitidos do NOM-121-SSA1- 1994 com os resultados da análise ANOVA e determinou-se que 100% dos resultados dos testes excederam os limites marcados, indicando assim que embora os queijos provenham do mesmo fornecedor, podem existir factores externos que afectam a qualidade sanitária do queijo, desde o transporte, armazenamento e finalmente as condições de higiene no estabelecimento por parte do vendedor.

Palavras-chave: Avaliação, Queijo grelhado, Qualidade sanitária, Coliformes totais e coliformes fecais.

I. Introdução

O queijo grelhado é considerado um queijo fresco fabricado a partir de uma massa cozida com uma certa elasticidade que, quando separada, tem a forma de um fio. Quando estes fios se formam, o queijo é enrolado numa forma caraterística de bola, razão pela qual é também conhecido por "queso de bola".

Atualmente, sabe-se que a procura deste produto tem vindo a aumentar por se tratar de um alimento que é utilizado numa grande variedade de pratos típicos locais e regionais, para além da sua versatilidade e facilidade de aquisição nos mercados, por um preço acessível ao público.

No entanto, comprar localmente nem sempre significa menos riscos para a saúde. O queijo grelhado, por ser vendido maioritariamente em mercados locais, pode gerar alguma incerteza quanto ao cumprimento, por parte dos vendedores, das normas sanitárias estabelecidas. Por esta razão, este estudo foi realizado para determinar a qualidade sanitária do queijo grelhado vendido no mercado municipal de Huejutla de Reyes, Hgo, e para determinar se os queijos representam ou não um risco para o consumidor.

Este projeto está dividido em capítulos, que são enumerados pela ordem em que cada parte do trabalho é realizada:

No capítulo II, são descritos os antecedentes da empresa, bem como dados e informações histéricas sobre a empresa e informações sobre diferentes trabalhos anteriores relacionados com os objectivos do projeto. No capítulo III, descreve-se mais detalhadamente o problema do projeto e a forma como se pretende resolvê-lo com base no objetivo geral. No capítulo IV, descrevem-se alguns conceitos que são importantes para se ter uma ideia geral da direção da investigação, oferecendo uma explicação mais detalhada ao leitor sobre o que se pretende encontrar. O capítulo V descreve as hipóteses ou argumentos a serem provados ou refutados de acordo com os resultados obtidos nos testes microbiológicos, tendo em conta uma hipótese nula, no caso de não serem encontradas diferenças, ou uma hipótese alternativa, que estabelece que existem diferenças entre o que é estabelecido e os regulamentos actuais. O capítulo VI descreve a metodologia utilizada para a amostragem aleatória das queijarias, a descrição do desenho experimental utilizando o software estatístico Spss Statistics e o guia sobre como realizar cada análise microbiológica de acordo com as normas oficiais mexicanas. Finalmente, no capítulo VI, apresentam-se os resultados de cada análise, consoante tenham sido efectuadas em caixas de Petri (UFC/gr) ou em tubos de ensaio (NMP/gr), bem como a comparação de cada análise com os limites admissíveis estabelecidos na NOM-121-SSA1-1994 e a comparação com os resultados de outros trabalhos relacionados com o estudo da qualidade sanitária do queijo grelhado.

II. Antecedentes

2.1 Trabalhos preliminares

Uma pesquisa nos arquivos dos relatórios de investigação da UTHH revelou projectos relacionados com a qualidade microbiológica de diferentes produtos alimentares, mas não foram encontrados registos de qualquer trabalho que tratasse exclusivamente da qualidade sanitária do queijo Asadero ou, como é vulgarmente conhecido, "queso de bola".

No entanto, ao pesquisar em diferentes fontes bibliográficas, foram encontrados projectos semelhantes à análise microbiológica do queijo grelhado.

Quiroga, Borrego, Janacua, Olgurn (2017, p. 1) na sua investigação, "Evaluacion de la calidad microbiologica del queso asadero elaborado y comercializado en Villa Ahumada, Chihuahua, México" referem que os queijos elaborados de forma artesanal com leite cru ou não pasteurizado, são factores que facilitam o desenvolvimento de microrganismos patogénicos, gerando um produto de má qualidade, sendo esta uma causa de risco para a saúde dos consumidores.

Por outro lado, Idarraga, Delgado, Leon, Osorio (2018, p. 1) referem que o queijo oferece um ambiente ideal para o desenvolvimento de microrganismos patogénicos e a presença de outros contaminantes, o que, associado a práticas de produção e fabrico inadequadas, o torna um alimento que pode ser de alto risco, especialmente para subpopulações suscetíveis, como mulheres grávidas, pacientes imunocomprometidos, crianças e idosos.

III Enunciado do problema

Atualmente, o queijo é considerado um produto alimentar amplamente conhecido e comercializado em todo o mundo. O queijo Asadero é um queijo fresco, típico do México, feito de pasta fiada, com um elevado teor de proteínas e água, cuja venda constitui uma das actividades económicas mais importantes do município de Huejutla de Reyes, Hgo.

O queijo é um produto altamente suscetível ao crescimento de microrganismos patogénicos, o que representa um risco para a saúde do consumidor e causa perdas económicas aos retalhistas locais. Na produção em pequena escala, a regra geral é utilizar leite cru de animais saudáveis. No entanto, por vezes não se sabe se foram cumpridas as corretas condições sanitárias em que foram produzidos e armazenados, pois, se esta qualidade for descurada, é provável que os produtos estejam contaminados com microrganismos alteradores, prejudicando a sua estabilidade ou com microrganismos patogénicos, sendo os mais frequentes *S. aureus, Salmonella spp, E. coli e L. monocytogenes*.

Devido ao facto de as patologias associadas à transmissão alimentar serem muito frequentes e serem produzidas pela ingestão de produtos contaminados por microrganismos ou toxinas bacterianas presentes nos alimentos, este projeto centra-se na quantificação da qualidade sanitária do queijo grelhado comercializado no mercado municipal de Huejutla de Reyes, Hgo. O objetivo é comparar os resultados da amostragem realizada com os limites microbiológicos admissíveis estabelecidos na NOM-121-SSA1- 1994.

III.1 Justificação

Uma boa qualidade higiénica e sanitária de um produto deve ser óptima do ponto de vista nutricional e sanitário. A qualidade do queijo para o consumidor baseia-se na sua composição, sabor e também na sua conservação, afetada pelo tratamento térmico do leite, pela qualidade das culturas, pela manipulação da coalhada durante a transformação, pela temperatura de armazenamento e pela sua distribuição.

Outro ponto importante na qualidade sanitária dos géneros alimentícios é a realização de análises microbiológicas para determinar a presença de bactérias nocivas para a saúde. Durante o processamento do queijo, os microrganismos indicadores mais relevantes são: mesófilos aeróbios, fungos e leveduras, coliformes totais, coliformes fecais, *S. aureus, E.coli* e *Salmonella,* que indicam se o produto é inseguro para o consumo.

Aqui, o controlo sanitário aplicado pelas instituições dedicadas a supervisionar a qualidade sanitária dos géneros alimentícios assume uma importância radical. Por esta razão, é importante que os produtores e os consumidores estejam conscientes dos riscos potenciais envolvidos na sua comercialização, a fim de proteger a população mais vulnerável das intoxicações alimentares.

Os resultados obtidos com este trabalho destinam-se a proteger a saúde dos consumidores, revelando se os vendedores locais de queijo oferecem produtos que cumprem as especificações adequadas e a fornecer uma orientação para que as diferentes empresas adoptem as medidas e precauções necessárias para este produto.

III.2 Objectivos da investigação

3.2.1 Objetivo geral

Avaliar a qualidade sanitária do queijo grelhado comercializado no mercado municipal de Huejutla de Reyes, Hgo; através de análises microbiológicas que permitam conhecer os limites máximos de conteúdo microbiano segundo a normativa vigente.

3.2.2 Objectivos específicos

- Investigar os principais indicadores microbiológicos da qualidade higiénica dos queijos.
- Realizar um projeto experimental para avaliar se existem diferenças significativas na qualidade sanitária entre os diferentes pontos de venda de queijo grelhado.
- Aplicar uma amostragem dos principais pontos de venda de queijo grelhado no mercado municipal de Huejutla de Reyes, Hgo.
- Efetuar análises microbiológicas ao queijo grelhado, de acordo com os parâmetros estabelecidos na NOM-121-SSA1-1994.
- Efetuar uma análise comparativa dos resultados obtidos nos ensaios, com os limites admissíveis de acordo com a regulamentação em vigor.

III.3 Objectivos

- Apresentar os resultados obtidos a partir da comparação de testes microbiológicos em queijo grelhado com os limites admissíveis baseados na NOM-121-SSA1-1994, através da publicação de um artigo científico.

IV Fundamentos teóricos

4.1 Queijo

O queijo é um alimento sólido obtido através da maturação da coalhada do leite animal, depois de lhe ter sido retirado o soro; as suas diferentes variedades dependem da origem do leite utilizado, dos métodos de transformação utilizados e do grau de maturação atingido. Pode ser produzido a partir do leite coalhado de vacas, cabras, ovelhas, búfalos, camelos e mamíferos ruminantes (Wikipédia, 2020).

4.1.2 Queijos no México

Atualmente, existem entre 20 e 40 variedades de queijos mexicanos em todo o país, nomeadamente: adobera, asadero, bola, Chihuahua, chongos, de cincho, cotija, epazote, fresco, hoja, jocoque, morral, Oaxaca, panela, requeson, poro, rueda, sierra, sopero, trenzado.

Figura 4.1 Queijos originários do México

Queijo grelhado Queijo Oaxaca Queijo

Fonte: (Ministério da Agricultura e do Desenvolvimento Rural, 2016).

Acrescente-se que a elaboração dos queijos genuínos mexicanos implica três processos: a coagulação ou coalhada do leite, a desidratação do coágulo ou coalhada e a maturação da coalhada durante um determinado período de tempo, em condições ambientais específicas consoante a variedade de queijo ("Quesos con denominación de origen", 2018).

4.1.3 Informação nutricional

Do ponto de vista nutricional, o queijo é considerado um alimento de elevado valor nutritivo, devido à quantidade e tipo de proteínas, à quantidade de gordura, à quantidade e proporção de cálcio e fósforo e à quantidade de vitamina A (Revilla, 2000).

Quadro 4.1 Informação nutricional do queijo fresco por 100 gramas

Valor energético	**1223 kj / 294 kcal**
Gorduras	22.2 g
dos quais ácidos gordos saturados	13.1 g
Hidratos de carbono	0.22 g

dos quais açúcares	0.22 g
Protems Protems	23.4 g
Sal	1.2 g

Fonte: (Quesos *El Bosqueno*, 2022)

O queijo fresco tem aproximadamente 294 Kcal por cada 100 gramas de queijo consumido, o que o torna um alimento perfeito para quem deseja perder peso ou está a fazer uma dieta hipocalórica (Anonimo, 2020).

4.1.4 Classificação dos queijos

Existem diferentes classificações de queijo. A classificação seguinte baseia-se no grau de maturação do queijo.

Queijos frescos

Os queijos frescos são os queijos em que a única transformação consiste em coalhar e desidratar o leite. Isto significa que têm um sabor suave e uma textura pouco consistente. Não são aplicadas técnicas de conservação adicionais a estes queijos, pelo que duram muito menos tempo sem expirar.

Não são amadurecidos. São consumidos no final do processo de fabrico (Askora "Alimentação e Serviços", 2008).

Queijos curados

A cura do queijo consiste no envelhecimento dos queijos, num processo em que estes são secos e em que são aplicadas técnicas de conservação adicionais, como a salga ou a fumagem. O tempo de maturação necessário é de 45 a 105 dias (consoante o peso do queijo seja superior ou inferior a 1,5 kg).

O processo de cura confere-lhe uma textura muito mais dura e seca, para além de aumentar a intensidade do seu sabor, uma propriedade muito desejada pelos apreciadores de queijo.

Existem diferentes tipos de maturação para o mesmo queijo, normalmente classificados como moles, semi-curados e curados (Askora "Alimentacion y Servicios", 2008).

Queijos antigos

O queijo curado velho é um queijo curado durante mais de 7 meses. Graças à sua maior dureza, oferece um sabor mais intenso do que os queijos curados ou semi-curados. O seu valor nutritivo inclui: gordura, eficaz para a energia e proteínas, ferro, cálcio, zinco, fósforo, vitamina A, B, D e E (Anónimo, 2001).

Anexos de queijo

Um queijo anejo tem um período de cura de 12 meses ou mais, o que o torna um queijo ideal para os paladares mais exigentes, com sabores profundos e aromas pronunciados. O seu processo de maturação torna-o um queijo mais seco graças à sua casca natural. Tem uma textura firme e é tradicionalmente fabricado com leite de cabra, embora seja mais frequente a sua elaboração com leite de vaca

(Anónimo, 2021).

A consistência do queijo é determinada pelo seu teor de humidade. A classificação seguinte baseia-se no teor de humidade do queijo sem ter em conta a gordura: %HSMG (também designada por %HQD) ou, por outras palavras, o teor de humidade do queijo desnatado ("Totformatge", 2020).

Queijos de pasta mole: Tem mais de 65% de humidade. Como o queijo Piramide de Cabra.

Queijos semi-mole: Têm entre 60% e 65% de humidade. Como o queijo Gouda

Queijos semiduros: Têm entre 55% e 60% de humidade. Como o queijo Gruyère.

Queijos duros: Têm entre 50% e 55% de humidade. Como o queijo Sbrinz.

Queijo extra duro: Tem menos de 50% de humidade. Como o parmesão extra velho.

4.1.5 Composição microbiana do queijo

Os microrganismos que constituem a microbiota final do queijo podem provir de diferentes fontes. Entre outras, estas incluem a adição intencional como parte da cultura de arranque; a sua presença natural nos ingredientes utilizados no fabrico do queijo, ou ainda, o ambiente em que o queijo é encomendado ou fabricado e os materiais utilizados (Gartia, Fresno, Virto, Amores e Aranceta (2020)).

O processo de fabrico do queijo deve-se, em grande parte, à ação fermentativa de certos microrganismos benéficos. Estes são bactérias lácticas pertencentes principalmente aos géneros *Lactobacillus spp*, *Leuconostoc spp* e *Lactococcus spp* (Sanz, 2021).

O Lactobacillus spp. é um género de bactérias Gram-positivas em forma de bacilo, *o Leuconostoc spp.* é um género de bactérias Gram-positivas em forma de cocos, normalmente distribuídas em cadeias, e *o Lactococcus spp.* é um género de bactérias Gram-positivas em forma de cocos, normalmente distribuídas em pares ou em cadeias curtas. Todos eles são microrganismos anaeróbios facultativos, não são esporulados e são responsáveis pela fermentação láctica que leva à formação de queijo a partir do leite.

As bactérias do ácido lático podem ser homofermentativas ou heterofermentativas. As bactérias homofermentativas produzem lactato a partir da lactose e as bactérias heterofermentativas metabolizam a lactose e produzem lactato, acetato, etanol e CO2. Em ambos os casos, a fermentação láctica produz ácido lático, que contribui para a redução do pH, conduzindo a uma série de alterações:

- Ocorre a solubilização do cálcio e do fosfato, desestabilizando as micelas de caseína e afectando a textura do queijo.
- Aumenta a retenção de sal no coalho, afectando o sabor e a sinérese do

coalho e interferindo com o crescimento dos microrganismos.

- Influencia o tempo de conservação do queijo, dependendo do pH e da atividade da água.
- Previne o crescimento de microrganismos patogénicos e deteriorantes, devido à acidificação do meio e à ação das bacteriocinas.

4.1.6 Etapas da produção de queijo grelhado

Ao fazermos queijo grelhado com leite pasteurizado, contribuímos para melhorar a qualidade sanitária do queijo, bem como para reduzir os tempos de produção e melhorar o manuseamento do leite (Esquivel e Santos, 1996).

Preparação do leite

Antes de iniciar o processo de produção de queijo, é necessário dispor de leite homogéneo, com parâmetros ideais para a obtenção do queijo a produzir.

Os tratamentos incluem:

- **Filtragem.** O objetivo da filtragem é remover as impurezas visíveis, tais como pêlos, partículas de excrementos, partículas de pó, etc.
- **Pasteurização.** Geralmente, a pasteurização é caracterizada pela aplicação de altas temperaturas durante um curto período de tempo, ou HTST (High Temperature Short Time), para 72°C/15 s, embora existam fábricas de pequena escala que pasteurizam o leite a 63°C/60 s. (Medina, 1987).

Adição de cloreto de cálcio

Quando o leite é pasteurizado, perde cálcio devido ao aquecimento. O cálcio é necessário para obter uma boa textura de queijo, indispensável para o queijo grelhado. Para repor o cálcio perdido, recomenda-se a adição de 15 g de cloreto de cálcio por 100 litros de leite.

Maturação do leite

Para a produção de queijo grelhado, recomenda-se a utilização de uma cultura mista que contenha os seguintes microrganismos: *St. lactis, St. cremoris e St. diacetylactis*.

O nível mínimo aceitável para este queijo é quando o microrganismo desenvolve 4°D a partir da acidez inicial, o que pode acontecer dentro de 0,5 a 1 hora.

Regulação da acidez

Os microrganismos são necessários para a produção de queijo porque desenvolvem a acidez. Os melhores resultados são obtidos quando o leite coalha a 37°D. Esta acidez pode ser obtida deixando o leite a maturar até que o microrganismo a produza, mas isso aumentaria o tempo do processo. Outra forma é adicionar ácido, que pode ser o mesmo ácido que os microrganismos desenvolvem (ácido lático) ou um mais barato, como o ácido acético concentrado (vinagre).

Coalhada de leite

Quando o leite atinge uma acidez de 37°D e uma temperatura de 34-36°C, inicia-se o processo de coagulação. A fórmula seguinte é utilizada para determinar a quantidade de coalho:

ml de coalho = Total de litros de leite x 0,1

A quantidade de coalho a adicionar é diluída 6 vezes o seu volume com água. Adiciona-se o coalho ao leite e agita-se para o distribuir pelo leite. Em seguida, deixa-se coalhar durante 30 a 35 minutos.

Cortar

Esta operação tem por objetivo favorecer a saída do soro da coalhada, dividindo o coágulo em pequenas porções.

O corte da coalhada é efectuado com liras. De um modo geral, o corte da coalhada efectua-se do seguinte modo: coloca-se a lira (com os fios a 1 cm), com os fios na vertical, ao longo do comprimento e da largura da cuba; em seguida, vira-se a lira com os fios na horizontal e corta-se de novo ao longo do comprimento e da largura da cuba. O corte da coalhada deve ser efectuado lentamente, para não desfazer o coágulo.

Drenagem e transformação de cereais

O dessoramento consiste em separar a parte sólida do leite (coalhada) do soro. É geralmente efectuado por agitação dos grãos de coalhada juntamente com o soro, a fim de acelerar o processo de dessoramento e evitar que os grãos se colem uns aos outros, bem como para permitir um aquecimento uniforme.

Aquecimento da coalhada

A coalhada é transferida para a caldeira em pequenos pedaços de cerca de - kg. Aquece-se a uma temperatura tal que se atinja 53-55° no centro da coalhada e mantém-se durante o processo de fusão, mexendo constantemente com uma pá.

Amassar

O queijo é esticado sobre a mesa de aço inoxidável em tiras de cerca de 5 cm de largura. Depois de a tira ter endurecido (cerca de 1 hora), é virada uma vez e arrefecida de ambos os lados. Depois de a tira estar completamente fina, é transformada numa bola ou meada, que pode variar de 3 a 5 kg.

Salado

Depois de esticar o queijo, adiciona-se sal a cada uma das tiras.

4.1.7 Microrganismos patogénicos e de deterioração que podem colonizar o queijo

Os microrganismos indicadores da qualidade microbiológica do queijo grelhado são principalmente fungos, leveduras, coliformes e bactérias psicrófilas. Estes microrganismos produzem um sabor bolorento e por vezes amargo, tornando a coalhada quebradiça e flutuante à superfície. Devido ao método de fabrico do queijo grelhado e ao seu elevado grau de manipulação, é também testada a presença de *Staphylococcus aureus*, que é um microrganismo patogénico.

Embora exista um número considerável de relatórios sobre a segurança microbiológica do queijo de leite cru, esta questão ainda é controversa. Em geral, os queijos frescos são considerados microbiologicamente inseguros devido à presença de agentes patogénicos na matéria-prima, no leite cru ou à contaminação durante o processo tradicional de fabrico do queijo. Castellanos, Gomez, Parra, Neiza e Rodriguez (2016).

Os microrganismos mais frequentemente encontrados nos queijos são os seguintes

Staphylococcus aureus

Este género é constituído por bactérias Gram-positivas, aeróbias facultativas, que crescem melhor a 35-40°C, embora muitas espécies possam crescer a 45°C. Dentro do género Staphylococcus encontra-se a espécie aureus, que é muito importante na contaminação dos alimentos (Forsythe e Hayes, 1998).

Este microrganismo vive frequentemente na mucosa nasal e no úbere das vacas. O pH ácido, a elevada atividade da água e a concentração de cloreto de sódio (NaCl) favorecem o crescimento deste organismo no queijo fresco. Também produz enterotoxina estafilocócica B (SEB), que é responsável por intoxicação alimentar em humanos. Vários relatórios mostram a elevada prevalência deste agente patogénico nos países da América Latina. O México determinou prevalências de 5,76% de *Staphylococcus aureus* em 12 amostras de queijo fresco. Castellanos, Gomez, Parra, Neiza e Rodriguez (2016).

Bactérias aeróbicas

As bactérias mesófilas aeróbias são um grupo muito heterogéneo de microrganismos que têm em comum o facto de a sua temperatura óptima de crescimento ser de 30-37°C e de viverem na presença de oxigénio ("Indicator micro-organisms", 2014).

São capazes de crescer e de se multiplicar em ágar nutriente e são investigadas pelo método de contagem em placas, que se baseia na contagem do número total de colónias que crescem numa placa de meio de cultura sólido (Plate Count Agar ou PCA).

Bolores e leveduras

Trata-se de fungos multicelulares mais desenvolvidos, que formam frutos especiais com células reprodutoras, os chamados conídios ou esporos. Os filamentos ou hifas ligeiramente ramificados e, por vezes, os frutos ou o aparelho esporífero podem ser reconhecidos a olho nu, enquanto os esporos propriamente ditos só são visíveis ao microscópio (Demeter e Elbertzhagen, 1971). O crescimento de bolores no queijo desenvolve-se em queijo armazenado durante vários dias em condições inadequadas. A presença de bolores no queijo pode ser causada por bolores transportados pelo ar ou por práticas de fabrico inadequadas.

Por outro lado, as leveduras nos queijos são a causa do metabolismo do ácido lático que provoca um aumento do pH, permitindo o crescimento de bactérias responsáveis pela maturação do queijo. As leveduras encontram-se na casca dos queijos em maturação e na pasta dos queijos frescos de leite cru.

É de grande importância a quantificação de bolores e leveduras nos alimentos, pois ao estabelecer a contagem destes microrganismos, permite a sua utilização como indicador de práticas sanitárias inadequadas durante a produção e armazenamento dos produtos, bem como a utilização de matérias-primas inadequadas.

Coliformes

O grupo dos microrganismos coliformes é o mais utilizado em microbiologia alimentar como indicador de práticas de higiene inadequadas.

São responsáveis pelo inchaço precoce dos queijos, que ocorre entre 24 e 48 horas após o fabrico do queijo, depois da salga mas antes da maturação. Estes microrganismos podem provir do leite cru, das canalizações, das cubas, dos equipamentos, dos utensílios ou da falta de higiene dos operadores (Sanz, 2021).

A utilização de coliformes como indicador sanitário pode ser aplicada a:

- A deteção de más práticas sanitárias na manipulação e fabrico de géneros alimentícios.
- Avaliação da eficácia das práticas sanitárias e higiénicas do equipamento.
- A qualidade sanitária da água e do gelo utilizados nas diferentes áreas de transformação de alimentos.
- A demonstração e a contagem de microrganismos coliformes podem ser feitas utilizando meios de cultura líquidos ou sólidos com caraterísticas selectivas ou diferenciais (NOM-113- SSA1-1994).

Escherichia coli

Este microrganismo é um membro da família Enterobacteriaceae (que inclui diferentes géneros de interesse para a saúde (Salmonella, Shigella e Yersinia, entre outros). A maioria dos isolados *de E. coli* não são considerados patogénicos, embora possam causar infecções graves em pessoas imunocomprometidas, crianças pequenas e idosos. Algumas estirpes, quando ingeridas, podem causar doenças gastrointestinais em indivíduos saudáveis (NOM-210-SSA1-2014).

Está presente em grande número nas fezes animais e humanas, e é importante como indicador de contaminação fecal nos alimentos (Forsythe e Hayes 1998). Caracteriza-se pela produção de grandes quantidades de gás que causam o inchaço dos queijos. Estas espécies são habitantes normais do trato intestinal dos humanos e dos animais, embora também se encontrem no solo e na água.

Salmonella spp

Os membros do género Salmonella têm sido extensivamente estudados como agentes patogénicos quando presentes nos alimentos. O controlo deste microrganismo, tanto pelas autoridades sanitárias como nas unidades de transformação de alimentos, depende em certa medida do método analítico utilizado para a sua deteção (NOM-114-SSA1-1994).

Existem diferentes protocolos para o isolamento de Salmonella para diferentes alimentos, todos eles essencialmente semelhantes em princípio e empregam as etapas de pré-enriquecimento, enriquecimento seletivo, isolamento em meios de cultura selectivos e diferenciais, identificação bioquímica e confirmação serológica dos microrganismos.

Tem sido relatado que a prevalência de *Salmonella spp.* em leite não pasteurizado e produtos lácteos se deve a factores como a contaminação das mãos do computador, fezes de animais, contaminação do equipamento de arrumação e água contaminada. Castellanos, Gomez, Parra, Neiza e Rodriguez (2016).

V Hipóteses

Neste projeto, o desenho experimental baseia-se na análise de diferentes amostras de queijo grelhado comercializadas no mercado municipal de Huejutla de Reyes, e na realização de testes microbiológicos nas mesmas, de acordo com a NOM-121-SSA1-1994, que estabelece as especificações sanitárias e nutricionais a que devem obedecer o leite, as fórmulas lácteas, os produtos lácteos combinados e os derivados do leite.

O estudo microbiológico do queijo grelhado é geralmente afetado principalmente por factores ambientais e físicos. Por razões tecnológicas, os tratamentos térmicos são limitados para o leite de queijo. Na Huasteca potosina, é prática corrente fabricar queijo a partir de leite cru, o que acarreta graves riscos sanitários para a população.

De tudo o que precede, derivam as seguintes hipóteses, a fim de obter uma futura verificação ou reprovação das informações e dos objectivos definidos neste projeto.

Hipótese 1 (hipótese nula): Não existem diferenças significativas nos resultados obtidos nos testes microbiológicos do queijo grelhado, com os limites microbiológicos admissíveis estabelecidos na regulamentação em vigor.

Hipótese 2 (hipótese alternativa): Se existem diferenças significativas nos resultados obtidos nos testes microbiológicos do queijo grelhado, com os limites microbiológicos permitidos estabelecidos nos regulamentos actuais.

Uma vez que as hipóteses nula e alternativa são contraditórias, as provas devem ser examinadas para decidir se existem provas suficientes para rejeitar ou confirmar qualquer uma das hipóteses.

6.1 Metodologia

O projeto será realizado durante o período de janeiro-abril de 2023, no município de Huejutla de Reyes, Hgo, nas instalações da Universidad Tecnologica de la Huasteca Hidalguense (UTHH). O trabalho foi desenvolvido em 3 etapas:

A primeira consistiu numa amostragem por conglomerado completamente aleatória dos diferentes pontos de venda de queijo grelhado no mercado municipal de Huejutla de Reyes, com o objetivo de classificar os diferentes locais que processam queijo grelhado.

Na segunda fase, foram efectuadas análises microbiológicas em cinco amostras de queijo grelhado provenientes de três locais diferentes (Ozuluama-Veracruz, Tantoyuca-Veracruz e Tempoal-Veracruz).

Na terceira parte, foi efectuada a análise comparativa dos resultados obtidos nos testes microbiológicos dos 5 queijos com os limites estabelecidos na NOM-121-SSA1-1994. Tudo isto, através de um desenho estatístico completamente aleatório que nos permite avaliar se existem diferenças significativas entre as médias e concluir se cumprem com a qualidade sanitária.

Figura 6.1 Diagrama de blocos do processo de avaliação microbiológica do queijo grelhado

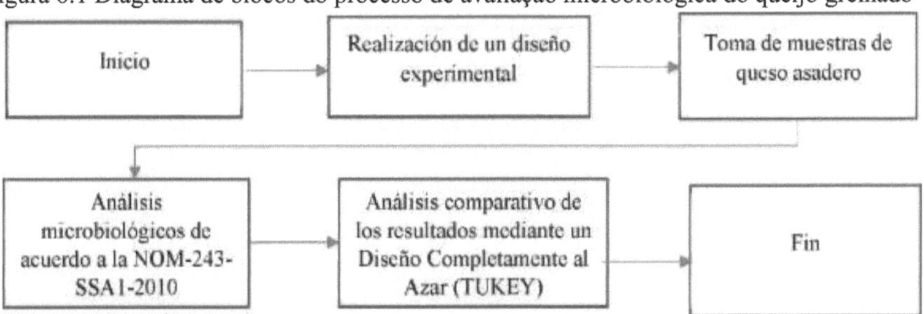

Fuente: elaboración propia.

6.2 Desenvolvimento

Foram realizadas as seguintes actividades para avaliar a qualidade sanitária do queijo grelhado comercializado no mercado municipal de Huejutla de Reyes, Hgo:

6.2.1 Indicadores microbiológicos da qualidade higiénica dos queijos

Os principais microrganismos patogénicos presentes no queijo fresco foram mencionados anteriormente. No território nacional, é estabelecida a NOM-121-SSA1-1994, cujo objetivo é estabelecer as especificações sanitárias para os queijos: frescos, curados e processados; a fim de reduzir os riscos de transmissão de doenças causadas por este produto, bem como incentivar o processamento e a importação de produtos que garantam a sua qualidade sanitária.

Quadro 6.1 Limites microbiológicos para os queijos

Micro-organismos	Limite máximo admissível		
	FRESCO	MATURADOS	PROCESSADO*.
Coliformes fecais (NMP/g)	100	50	NEGATIVO
***Staphylococcus aureus* (CFU/g)**	1000	100	MENOS DE 100
Fungos e leveduras (CFU/g)	500	500+	100
Salmonela em 25 g	NEGATIVO	NEGATIVO	
***Listeria monocytogenes* em 25 g**	NEGATIVO	NEGATIVO	

Nota: *Os queijos transformados não devem conter mais de 10000 UFC/g de bactérias mesófilas.

aeróbios e um máximo de 10 UFC/g *de coliformes totais.*

Os valores na tabela correspondem aos limites máximos permitidos de microrganismos patogénicos e indicadores presentes em três variedades de queijo: fresco, curado e processado. Para contar os microrganismos numa amostra líquida ou sólida, estes são normalmente medidos em UFC/g ou UFC/mL (Unidade Formadora de Colónias), que é utilizada para a quantificação de microrganismos, ou seja, para contar o número de bactérias viáveis ou células fúngicas.

6.2.2 Amostragem dos principais pontos de venda de queijo grelhado no mercado municipal de Huejutla de Reyes, Hgo.

As amostras de queijo grelhado foram recolhidas aleatoriamente no mercado municipal de Huejutla de Reyes, Hgo.

Quadro 6.2 Apresentação das amostras de queijo grelhado

Origem do queijo Asadero	Fábrica de queijo	Número de amostras
Ozuluama-Veracruz	"A pequena virgem "Oly"	2
Tantoyuca-Veracruz	"Yazmin"	1
Tempoal-Veracruz	"Anita" "Los Rosales	

Cada local de origem dos queijos foi considerado como um tratamento, perfazendo um total de 3. Para uma maior precisão na amostragem e análise, optou-se por recolher duas amostras da região de Ozuluama e Tempoal, uma vez que na experiência estes foram os locais com maior presença no mercado.

Apenas uma amostra foi retirada da região de Tantoyuca, por ser o local menos repetido em comparação com os anteriores.

6.2.3 Descrição do projeto experimental

O objetivo preliminar do projeto é determinar a qualidade sanitária dos queijos comercializados no município de Huejutla de Reyes com base em várias análises microbiológicas realizadas de acordo com a regulamentação em vigor. No entanto, ao mesmo tempo, foi necessário realizar um método estatístico para identificar e quantificar os resultados, comparando-os com os valores críticos e tomar a decisão de confirmar ou rejeitar a Hipótese Nula e a Hipótese Alternativa.

Isto pode ser obtido através da análise de variância (ANOVA) associada ao modelo linear. A análise de variância, uma técnica estatística que permite a análise de dados de uma experiência aleatória comparativa, foi concebida por R.A. Fisher, publicada em 1923.

Quadro 6.3 Conceção da ANOVA para um modelo completamente aleatório

FV	SC	GL	CM	F_0	Valor-p
Tratamientos	$SC_{TRAT}=\sum_{i=1}^{k}\frac{Y_{i.}^2}{n_i}-\frac{Y_{..}^2}{N}$	k-1	$SC_{TRAT}=\frac{SC_{TRAT}}{k-1}$	$\frac{CM_{TRAT}}{CM_E}$	$P(F>F_0)$
Error	$SC_E = SC_T - SC_{TRAT}$	N-k	$CM_E=\frac{SC_E}{N-k}$		
Total	$SC_T=\sum_{i=1}^{k}\sum_{j=1}^{ni}Y_{ij}^2-\frac{Y_{..}^2}{N}$	N-1			

Fonte: ("Análise e conceção de experiências", 2008).

A Análise de Variância ou ANOVA pressupõe que a variável de resposta é normalmente distribuída, com uma variância constante (os tratamentos têm uma variância semelhante) e que as medições são independentes entre si.

Para confirmar a Análise de Variância, e para cumprir o objetivo desejado da experiência (encontrar o(s) melhor(es) tratamento(s) das amostras de queijo), é necessário realizar um procedimento adicional, chamado Teste de Médias.

Existe um grande número de testes de médias, mas talvez o mais conhecido seja o teste de Tukey. Este teste foi desenvolvido por John W. Tukey. Neste teste, um valor chamado comparador de Tukey é calculado da seguinte forma:

$$w = q^* \sqrt{\frac{CME}{r}}$$

Onde:

q é um valor obtido a partir de uma tabela (tabela de Tukey), semelhante à tabela de Fisher. O número de tratamentos é colocado na horizontal e os graus de liberdade do erro na vertical. As tabelas só estão disponíveis para níveis de significância de 5% e 1%. O termo dentro da raiz quadrada é chamado de erro padrão da média e é igual ao quadrado médio do erro (obtido na ANOVA), dividido pelo número de repetições.

Hipóteses na ANOVA

O objetivo da análise de variância no modelo completamente aleatório é testar a hipótese de igualdade dos tratamentos em relação à média da variável de resposta correspondente:

[22]Hipótese nula: Não há diferença entre as médias dos diferentes grupos: LI 1 = LI2 = LI3 = ц4; o o o BETWEEN = o INSIDE

Hipótese alternativa: Pelo menos um par de médias é significativamente diferente um do outro.

Análise estatística utilizando o software SPSS Statistics

O SPSS é um software estatístico que é aplicado na investigação em ciências sociais e ciências aplicadas, mas também no domínio dos estudos de mercado. A base do software inclui estatísticas descritivas, tais como tabulação e cruzamento de frequências, estatísticas de duas variáveis, bem como testes T, ANOVA e testes de correlação. Para a análise dos resultados obtidos nos testes microbiológicos que utilizam como valor UFC/gr, ou seja, análises que requerem a contagem de colónias numa placa de Petri, (fungos e leveduras, coliformes totais e bactérias mesófilas aeróbias), o programa Spss Statistics permitiu comparar e classificar em diferentes subgrupos os que apresentavam diferenças significativas, através da comparação de médias pelo método de Tukey.

Figura 6.2 Captura de dados no software Spss Statistics

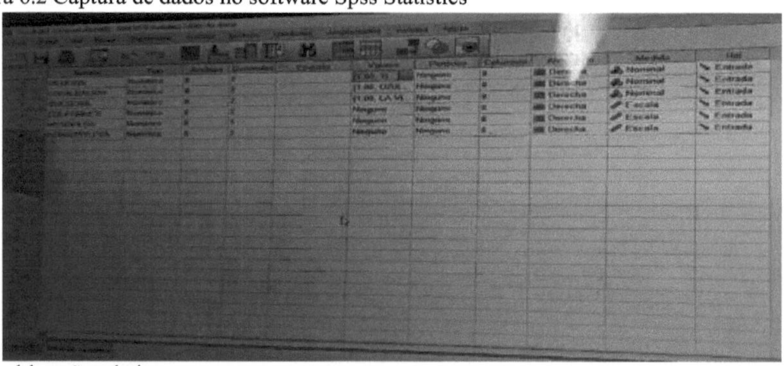

Fonte: elaboração própria.

Para a realização da análise estatística, procedeu-se primeiramente à captação dos factores ou variáveis a considerar no estudo. Tendo em conta que as diluições, a localização e as quesenas são factores que não ocupam uma escala mensurável (variável qualitativa); no entanto, para os testes microbiológicos, considerou-se uma escala mensurável através da contagem em caixas de Petri (variável quantitativa). Uma vez registados os resultados de cada análise efectuada nas diferentes séries de ensaios, seleciona-se a secção "Analisar" do tabuleiro "opções", para escolher o "modelo linear geral" e selecionar "multivariada". O programa pede as variáveis dependentes, que serão os três testes efectuados (coliformes totais, fungos e leveduras, e mesófilos aeróbios). E para as variáveis independentes ou factores fixos, ou seja, que não mudam, (diluições, localização e os quesenas).

Figura 6.4 Comparação de médias por teste post hoc

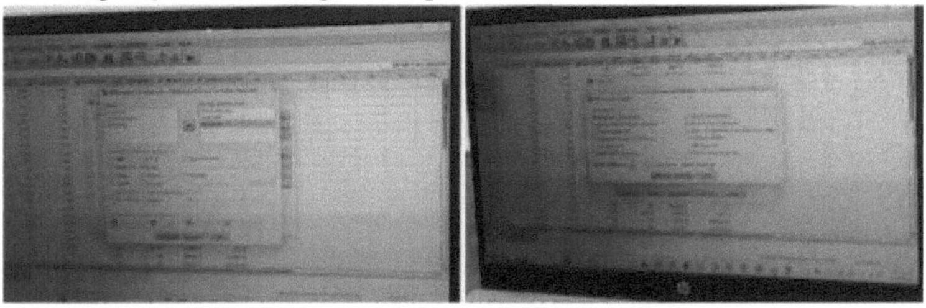

Depois de selecionar o teste de Tukey, opte por continuar e, em "Multivariate: Options", selecione "Descriptive Statistics" e considere um nível de significância de 0,05 com um intervalo de confiança de 95%.

6.2.4 Análise microbiológica de queijo grelhado, de acordo com a NOM-121-SSA1-1994

Para as análises, cada queijo foi fraccionado e processado de acordo com a NOM-110-SSA1-1994 para a preparação e diluição de amostras de alimentos. De acordo com a NOM-SSA1-121-1994, as análises microbiológicas mais relevantes realizadas neste projeto consistiram na contagem de Unidades Formadoras de Colónias (UFC/gr ou UFC/ml) de coliformes totais em placa, bactérias mesófilas aeróbias, bolores e leveduras, e na contagem do Número Mais Provável (NMP/gr) de coliformes fecais e *E. coli.* Sendo *Salmonella spp*, considerada como Positiva ou Ausente em 25 gr.

Homogeneização e preparação de diluições decimais da amostra

Do centro de cada amostra unitária, foram retirados assepticamente 10 g e colocados num saco de papel polietileno contendo a solução diluente estéril de peptona de casserina. Cada amostra foi colocada no Stomacher durante 1 minuto. $^{-2-4-1-2-3}$Em seguida, esta amostra homogeneizada foi vertida para um frasco de vidro esterilizado de 100 ml com tampa, preparando diluições decimais de 1x10-1, 10 , 10-3, 10 e 10-5 no caso da contagem de UFC em placas de Petri e diluições de 10 , 10 e 10 no caso da aplicação do método em tubos de ensaio.

Método de contagem de microrganismos coliformes totais numa placa, (Norma Oficial Mexicana NOM-113-SSA1-1994).

Objetivo e âmbito de aplicação: Esta Norma Oficial Mexicana estabelece o método microbiológico para determinar o número de microrganismos coliformes totais presentes nos géneros alimentícios através da técnica de contagem em placas.

Fundamentação: O método permite a determinação do número de microrganismos coliformes presentes numa amostra, utilizando um meio seletivo (ágar violeta vermelho biliar) no qual as bactérias se desenvolvem a 35°C em aproximadamente 24 h, resultando na produção de gás e ácidos orgânicos, que transformam o indicador de pH e precipitam os sais biliares.

Reagentes e meios de cultura:

- Água com pimenta
- Meio de cultura desidratado: Agar-red-violet-bilis-violet-bilis-lactose (RVBA)
- Água destilada

Materiais:

- Pipetas bacteriológicas para distribuição de 10 e 1 ml
- 1 frasco de vidro de 100 ml com tampa de rosca
- 1 frasco erlenmeyer de 500 ml com tampa de rosca
- 4 tubos de ensaio 16 x 150 mm com tampa de rosca
- Utensílios esterilizáveis para a recolha de amostras: facas, pinças, tesouras, colheres, espátulas.
- 5 placas de Petri
- 1 Vidro de relógio
- 2 bicos de Bunsen
- 1 espátula
- 1 pipeta
- Pipetero
- Sacos de papel poli
- 1 Estante
- 1 proveta graduada de 250 ml
- Suporte para placas de Petri
- Cesto de autoclave

Equipamento:

- Escala
- Saldo alfabético
- Incubadora
- Autoclave

- Conta - liquidações
- Grelhador elétrico
- Stomacher

Preparação do meio de cultura (Agar-red-violet-violet-bilis-lactose (RVBA))

Para um total de cinco placas de Petri, foram preparados 150 ml de ágar bile-violeta-vermelho. Para 150 ml de água destilada, pesam-se 6,225 g de ágar biliar-violeta-vermelho desidratado numa balança analítica, utilizando uma espátula e um vidro de relógio. Depois de misturar o ágar e a água destilada, a solução é aquecida num balão sobre a placa de aquecimento e fervida durante dois minutos.

Preparação da peptona de cassema

Para preparar 150 ml de solução de peptona, medem-se 150 ml de água destilada numa proveta graduada e pesam-se 0,45 g do meio de peptona de cassema desidratado com uma espátula num vidro de relógio da balança analítica. Depois de misturar a peptona e a água destilada, colocam-se 90 ml de peptona num frasco de vidro esterilizável de 100 ml com uma tampa de rosca. Pipetam-se 9 ml da solução de peptona para cada um de quatro tubos de ensaio de 16 x 150 mm com tampa de rosca.

Uma vez preparados o ágar e a solução de peptona, os 4 tubos de ensaio com a solução de peptona, o frasco de 90 ml de água peptonada, as 5 placas de Petri num suporte para placas e as pipetas de 10 e 1 ml no suporte para placas são colocados num cesto de autoclave. São esterilizados no autoclave durante 15 minutos a uma temperatura de 121 ± 1,0°C.

Procedimento

1. Uma vez terminada a esterilização, a porta do autoclave é cuidadosamente aberta e deixada em repouso durante 10 minutos até deixar de sair vapor. Decorrido este tempo, retira-se o cesto com uma flanela e transfere-se para a mesa de trabalho.
2. Numa mesa de aço inoxidável, deitar álcool a 70% com a tampa meio aberta, tentando cobrir a maior parte do espaço de trabalho. De seguida, com a ajuda de um isqueiro, a área de trabalho é incendiada. De imediato, coloca-se a mangueira do isqueiro na torneira do gás e, uma vez inserida a mangueira, abre-se a torneira para acender dois isqueiros com 30 cm de distância entre cada um.
3. Uma vez esterilizada a mesa de trabalho, coloca-se a amostra de queijo numa tábua de cortar coberta com um saco de papel polietileno e, com uma faca esterilizada sobre a chama do queimador, parte-se o queijo em pequenos pedaços e pesam-se 10 g de queijo grelhado numa balança coberta com um saco de papel polietileno.

4. Após a pesagem, a amostra é colocada num saco de polipropileno com metade da solução diluente estéril de peptona de casserina, retirada do frasco de diluição de 100 ml, e homogeneizada no Stomacher durante um minuto. Uma vez homogeneizada a amostra, inclina-se o saco para separar o líquido da amostra e deita-se no mesmo frasco de diluição, que tem a indicação 10-1.

5. $^{-2-5}$Para preparar as diluições decimais, retira-se, com o auxílio de uma pipeta esterilizada, 1 ml do frasco de solução com a amostra e transfere-se para um tubo de ensaio com 9 ml de solução de peptona, que constituirá a diluição 10. Segue-se o mesmo procedimento, utilizando uma pipeta diferente para cada 1 ml por tubo, até se utilizarem os 4 tubos para obter a diluição 10.

6. $^{-1}$Distribuir as placas de Petri esterilizadas sobre a bancada e, com a ajuda de uma nova pipeta, retirar 0,1 ml da diluição 10, introduzi-lo na primeira placa de Petri e fechá-la imediatamente. $^{-2}$Repetir o mesmo procedimento para a segunda caixa, retirando 0,1 ml do tubo de ensaio com a diluição 10, para passar através de outra pipeta esterilizada para a segunda caixa. Repetir este procedimento para cada diluição, retirando a amostra através de uma nova pipeta esterilizada, até terminar cada placa de Petri.

7. Por fim, adicionam-se a cada placa de Petri cerca de 10 a 20 ml de ágar biliar vermelho violeta fundido, ou até se atingir metade da placa. É importante misturar o inóculo com o ágar, para o que as placas de Petri são movidas em forma de 8. Depois de o ágar ter gelificado, as placas de Petri são incubadas em posição invertida a 35°C durante 24 ± 2 horas.

8. Posteriormente, as colónias foram contadas com o contador de colónias. Para tal, foram selecionadas placas com 15 a 150 colónias. As colónias típicas são vermelho-escuras, normalmente rodeadas por um halo de precipitação devido aos sais biliares, que é vermelho-claro ou rosa.

Método de contagem de bactérias aeróbias em placa, (Norma Oficial Mexicana NOM-092-SSA1-1994).

Objetivo e âmbito: Esta Norma Oficial Mexicana estabelece o método para estimar a quantidade de microrganismos viáveis presentes nos alimentos, na água potável e na água purificada, através da contagem de colónias num meio sólido, incubado aerobicamente.

Fundamentação: A lógica da técnica consiste em contar as colónias que se desenvolvem no meio escolhido após um determinado tempo e temperatura de incubação, partindo do princípio de que cada colónia provém de um microrganismo presente na amostra em estudo.

Reagentes e meios de cultura:

- Água com pimenta
- Água destilada

- Meio de cultura desidratado: Tryptone-Yeast Extract Agar (ágar de contagem padrão)

Materiais:

- Pipetas bacteriológicas para dosear 10 e 1 ml
- 1 frasco de vidro de 100 ml com tampa de rosca
- 1 Erlenmeyer com tampa de rosca de 500 ml
- 4 tubos de ensaio 16 x 150 mm com tampa de rosca
- Utensílios esterilizáveis para a recolha de amostras: facas, pinças, tesouras, colheres, espátulas.
- 5 placas de Petri
- 1 Vidro de relógio
- 1 espátula
- 1 pipeta
- 1 proveta graduada de 250 ml
- Pipetero
- 2 bicos de Bunsen
- Sacos de papel poli
- 1 Estante
- Suporte para caixa de Petri
- Cesto de autoclave

Equipamento:

- Escala
- Equilíbrio AnaHtica
- Incubadora
- Autoclave
- Conta - liquidações
- Grelhador elétrico
- Stomacher

Preparação do meio de cultura (Agar para a esfera padrão)

Para um total de cinco placas de Petri, foram preparados 150 ml de ágar-padrão. Para 150 ml de água destilada, pesam-se 3,525 g de ágar-padrão desidratado na balança analítica, utilizando uma espátula e um vidro de relógio. Depois de misturar o ágar e a água destilada, a solução é aquecida até à ebulição num balão sobre um grelhador elétrico. Depois de misturar o ágar e a água destilada, o meio é esterilizado num Erlenmeyer na autoclave a 121 ± 1,0 °C durante 15 minutos.

Preparação da peptona de casserina

Para preparar 150 ml de solução de peptona, medem-se 150 ml de água destilada numa proveta graduada e pesam-se 0,45 g de meio de peptona de casserina seca na balança analítica, utilizando uma espátula num vidro de relógio. Depois de misturar a peptona e a água destilada, 90 ml de peptona são distribuídos por um frasco de vidro esterilizável de 100 ml com tampa de rosca. Pipetam-se 9 ml de peptona para cada um de quatro tubos de ensaio de 16 x 150 mm com tampa de rosca.

Uma vez preparados o ágar e a solução de peptona, os 4 tubos de ensaio com a solução de peptona, o frasco de 90 ml de água peptonada, as 5 placas de Petri num suporte para placas e as pipetas de 10 e 1 ml no suporte para placas são colocados num cesto de autoclave. São esterilizados no autoclave durante 15 minutos a uma temperatura de 121 ± 1,0°C.

Preparação

1. Uma vez terminada a esterilização, a porta do autoclave é cuidadosamente aberta e deixada em repouso durante 10 minutos até deixar de sair vapor. Decorrido este tempo, retira-se o cesto com uma flanela e transfere-se para a mesa de trabalho.
2. Sobre uma mesa de aço inoxidável, deita-se álcool a 70% com a tampa meio aberta, tentando cobrir a maior parte do espaço de trabalho. De seguida, com a ajuda de um isqueiro, a área de trabalho é incendiada. De imediato, coloca-se o tubo do isqueiro na torneira do gás e, uma vez introduzido o tubo, abre-se a torneira para acender dois isqueiros com 30 cm de distância entre cada um.
3. Uma vez esterilizada a mesa de trabalho, coloca-se a amostra de queijo numa tábua de cortar coberta com um saco de papel polietileno e, com uma faca esterilizada sobre a chama do queimador, parte-se o queijo em pequenos pedaços e pesa-se 10 g de queijo grelhado numa balança coberta com um saco de papel polietileno.
4. Após a pesagem, a amostra é colocada num saco de polipropileno com metade da solução diluente estéril de peptona de casserina, retirada do frasco de diluição de 100 ml, e homogeneizada no Stomacher durante um minuto. $^{-1}$Uma vez homogeneizada a amostra, inclina-se o saco para separar o líquido da amostra e deita-se todo o líquido no mesmo frasco de diluição, que será marcado com um 10 .
5. ^{2}Para preparar as diluições decimais, retira-se, com o auxílio de uma pipeta esterilizada, 1 ml do frasco de solução com a amostra e transfere-se para um tubo de ensaio com 9 ml de solução de peptona, que será a diluição 10 . $^{-2-3-5}$Do tubo correspondente à diluição 10, retira-se 1 ml para passar ao tubo seguinte, que será a diluição 10. Efectua-se o mesmo procedimento, utilizando uma pipeta diferente para cada 1 ml retirado de cada tubo, até se completarem os 4 tubos e se obter a diluição 10.
6. $^{-1}$Distribuir as placas de Petri esterilizadas sobre a bancada e, com a ajuda de

uma nova pipeta, retirar 0,1 ml da diluição 10, introduzi-lo na primeira placa de Petri e fechá-la imediatamente. $^{-2}$Repetir o mesmo procedimento para a segunda caixa, retirando 0,1 ml do tubo de ensaio com a diluição 10, para passar através de outra pipeta esterilizada para a segunda caixa. Repetir este procedimento para cada diluição, retirando a amostra através de uma nova pipeta esterilizada, até terminar cada placa de Petri.

7. Finalmente, adicionam-se cerca de 10 a 20 ml de ágar para contagem padrão derretido a cada placa de Petri, ou até se atingir metade da placa. É importante misturar o inóculo com o ágar, para o que as placas de Petri são movidas num movimento de figura 8. Quando o ágar tiver gelificado, as placas de Petri são incubadas em posição invertida a 35°C durante 48 ± 2 h.

8. Posteriormente, as colónias foram contadas com o contador de colónias. Para tal, foram selecionadas placas contendo entre 15 e 150 colónias. Todas as colónias desenvolvidas nas placas selecionadas (exceto as de bolores e leveduras) são contadas, incluindo as colónias pontuadas.

Método para a contagem de bolores e leveduras nos géneros alimentícios, (Norma Oficial Mexicana NOM-111-SSA1-1994).

Objetivo e âmbito: Esta Norma Oficial Mexicana estabelece o método geral para a determinação do número de bolores e leveduras viáveis presentes em produtos destinados ao consumo humano por contagem em placas a 25 ± 1°C.

Fundamentação: O método baseia-se na inoculação de uma quantidade conhecida de amostra a testar num meio seletivo específico, acidificado a pH 3,5 e incubado a uma temperatura de 25 ± 1°C, resultando no crescimento de colónias caraterísticas deste tipo de microrganismo.

Reagentes e meios de cultura:

- Água com pimenta
- Água destilada
- Meio de cultura desidratado: Ágar Batata-Dextrose

Materiais:

- Pipetas bacteriológicas para dosear 10 e 1 ml
- 1 frasco de vidro de 100 ml com tampa de rosca
- 1 Erlenmeyer com tampa de rosca de 500 ml
- 4 tubos de ensaio 16 x 150 mm com tampa de rosca
- Utensílios esterilizáveis para a recolha de amostras: facas, pinças, tesouras, colheres, espátulas.
- 5 placas de Petri
- 1 Vidro de relógio
- 1 espátula
- 1 pipeta

- 2 bicos de Bunsen
- Pipetero
- Sacos de papel poli
- 1 proveta graduada de 250 ml
- 1 Estante
- Suporte para caixa de Petri
- Cesto de autoclave

Equipamento:

- Escala
- Saldo alfabético
- Incubadora
- Autoclave
- Conta - liquidações
- Grelhador elétrico
- Stomacher

Preparação do meio de cultura (ágar dextrose de batata)

Para um total de cinco placas de Petri, foram preparados 150 ml de ágar dextrose de batata. Para 150 ml de água destilada, pesam-se 5,85 g de ágar dextrose de batata na balança analítica, utilizando uma espátula e um vidro de relógio. Depois de misturar o ágar e a água destilada, o meio é esterilizado num Erlenmeyer na autoclave a 121 ± 1,0 °C durante 15 minutos.

Preparação da peptona de casserina

Para preparar 150 ml de solução de peptona, medem-se 150 ml de água destilada numa proveta graduada e pesam-se 0,45 g de meio de peptona de casserina seca na balança analítica, utilizando uma espátula num vidro de relógio. Depois de misturar a peptona e a água destilada, 90 ml de peptona são distribuídos num frasco de vidro esterilizável de 100 ml com tampa de rosca. Pipetam-se 9 ml de peptona para cada um de quatro tubos de ensaio de 16 x 150 mm com tampa de rosca.

Após a preparação do ágar e da solução de peptona, os 4 tubos de ensaio com a solução de peptona, o frasco de 90 ml de água peptonada, as 5 placas de Petri num suporte para placas e as pipetas de 10 e 1 ml no suporte para placas são colocados num cesto de autoclave. São esterilizados no autoclave durante 15 minutos a uma temperatura de 121 ± 1,0°C.

Preparação

1. Uma vez terminada a esterilização, a porta do autoclave é cuidadosamente aberta e deixada em repouso durante 10 minutos até deixar de sair vapor. Decorrido este tempo, retira-se o cesto com uma flanela e transfere-se para a mesa de trabalho.

2. Numa mesa de aço inoxidável, deitar álcool a 70% com a tampa meio aberta, tentando cobrir a maior parte do espaço de trabalho. De seguida, com a ajuda de um isqueiro, a área de trabalho é incendiada. De imediato, coloca-se a mangueira do isqueiro na torneira do gás e, uma vez inserida a mangueira, abre-se a torneira para acender dois isqueiros com uma distância de 30 cm entre cada um.

3. Uma vez esterilizada a mesa de trabalho, coloca-se a amostra de queijo numa tábua de cortar coberta com um saco de papel polietileno e, com uma faca esterilizada sobre a chama do queimador, parte-se o queijo em pequenos pedaços e pesa-se 10 g de queijo grelhado numa balança coberta com um saco de papel polietileno.

4. Após a pesagem, a amostra é colocada num saco de polipropileno com metade da solução diluente estéril de peptona de casserina, retirada do frasco de diluição de 100 ml, e homogeneizada no Stomacher durante um minuto. $^{-1}$Uma vez homogeneizada a amostra, inclina-se o saco para separar o líquido da amostra e deita-se todo o líquido no mesmo frasco de diluição, que será marcado com um 10 .

5. $^{-2}$Para preparar as diluições decimais, retira-se, com o auxílio de uma pipeta esterilizada, 1 ml do frasco de solução com a amostra e transfere-se para um tubo de ensaio com 9 ml de solução de peptona, que será a diluição 10 . $^{-2-3-5}$Do tubo correspondente à diluição 10, retira-se 1 ml para ser transferido para o tubo seguinte, passando a ser a diluição 10. Efectua-se o mesmo procedimento, utilizando uma pipeta diferente para cada 1 ml retirado de cada tubo, até se completarem os 4 tubos e se obter a diluição 10.

6. $^{-1}$Distribuir as placas de Petri esterilizadas sobre a bancada e, com a ajuda de uma nova pipeta, retirar 0,1 ml da diluição 10, introduzi-lo na primeira placa de Petri e fechá-la imediatamente. $^{-2}$Repetir o mesmo procedimento para a segunda caixa, retirando 0,1 ml do tubo de ensaio com a diluição 10, para passar através de outra pipeta esterilizada para a segunda caixa. Repetir este procedimento para cada diluição, retirando a amostra através de uma nova pipeta esterilizada, até terminar cada placa de Petri.

7. Finalmente, adicionam-se cerca de 10 a 20 ml de ágar batata-dextrose a cada placa de Petri, ou até se atingir metade da placa. É importante misturar o inóculo com o ágar, o que é feito movendo a placa de Petri num padrão de figura 8. Quando o ágar tiver gelificado, as placas de Petri são incubadas numa posição invertida a 35°C ± 1°C durante 3 a 5 dias.

8. Para contar as colónias em cada placa. Após 5 dias, selecionar as placas que contêm entre 10 e 150 colónias. Se alguma parte da caixa apresentar um crescimento extensivo de bolores ou se for difícil contar colónias bem isoladas,

considerar contagens de incubação de 4 dias ou mesmo de 3 dias. Neste caso, o período de incubação de 3 ou 4 dias deve ser indicado nos resultados do teste.

Métodos de ensaio microbiológicos. Determinação de microrganismos indicadores. Determinação de microrganismos patogénicos, (Norma Oficial Mexicana NOM-210-SSA1-2014).

Objetivo e âmbito: O objetivo desta Norma é estabelecer métodos de ensaio gerais e alternativos para a determinação de indicadores microbianos e patogénicos em alimentos, bebidas e água para uso e consumo humano.

Fundamentação: O princípio da técnica baseia-se na diluição da amostra em tubos múltiplos, de modo a que todos os tubos da diluição mais baixa sejam positivos e todos os tubos da diluição mais elevada sejam negativos. O resultado positivo é evidenciado pela presença de gás e pela propriedade de crescimento microbiano dos microrganismos coliformes para produzir gás a partir da fermentação da lactose a 45,5 °C ± 0,2 °C (para alimentos) e a 44,5 °C ± 0,2 °C (para água) no prazo de 48 horas de incubação (coliformes fecais e *E. coli*).

Meios de cultura:

- Água com pimenta
- Água destilada
- Caldo de sulfato de laurilo (meio de enriquecimento seletivo).
- caldo verde bílis brilhante (meio de confirmação).
- Caldo CE com MUG
- Ágar MacConkey

Materiais:

- Pipetas bacteriológicas para dosear 10 e 1 ml
- 1 frasco de vidro de 100 ml com tampa de rosca
- 1 Anel bacteriológico
- 12 Tubos de ensaio 16 x 150 mm com tampa de rosca
- Utensílios esterilizáveis para a recolha de amostras: facas, pinças, tesouras, colheres, espátulas.
- Sinos de Durham
- 1 Vidro de relógio
- 1 espátula
- Placas de Petri
- 1 pipeta
- Pipetero
- Suporte para caixa de Petri
- Sacos de papel poli
- 1 Estante
- 1 proveta graduada de 250 ml

- 2 bicos de Bunsen
- Cesto de autoclave

Equipamento:

- Escala
- Saldo alfabético
- Incubadora
- Autoclave
- Conta - liquidações
- Grelhador elétrico
- Stomacher
- **Preparação do meio de enriquecimento (caldo de lauril sulfato)**

Para nove tubos de ensaio, foram preparados 100 ml de caldo de lauril sulfato. Para 100 ml de água destilada, pesam-se 3,56 g de caldo de lauril sulfato na balança analítica, utilizando uma espátula e um vidro de relógio. Depois de misturar o meio de cultura e a água destilada, pipetam-se 10 ml do meio para cada um dos nove tubos de ensaio. Estes devem ter uma campânula de fermentação. Depois de todos os tubos de ensaio estarem fechados, são colocados num saco de papel polietileno, fechados e esterilizados no autoclave a 121 ± 1,0 °C durante 15 minutos. É importante não fechar completamente os tubos para evitar fracturas.

- **Preparação da peptona de casserina**

Para preparar 150 ml de solução de peptona, medem-se 150 ml de água destilada numa proveta graduada e pesam-se 0,45 g de meio de peptona de casserina seca com uma espátula num vidro de relógio da balança analítica. Depois de misturar a peptona e a água destilada, colocam-se 90 ml de peptona num frasco de vidro esterilizável de 100 ml com uma tampa de rosca. Com uma pipeta, retiram-se 9 ml de peptona do resto da solução e distribuem-se por dois tubos de ensaio diferentes, de 16 x 150 mm, com tampa de rosca. Estes tubos serão utilizados para a segunda e terceira diluições, 10-2 e 10-3.

Após a preparação do meio de enriquecimento e da solução de peptona, os 2 tubos de ensaio com a solução de peptona, o frasco de 90 ml de água peptonada, os 9 tubos com caldo de sulfato de laurilo com campânulas de Durham e as pipetas de 10 ml e 1 ml são colocados num cesto de autoclave com as campânulas de Durham e as pipetas de 10 ml e 1 ml no suporte de pipetas. São esterilizadas no autoclave durante 15 minutos a uma temperatura de 121 ± 1,0°C.

Preparação

1. Uma vez terminada a esterilização, a porta do autoclave é cuidadosamente aberta e deixada em repouso durante 10 minutos até deixar de sair vapor.

Decorrido este tempo, retira-se o cesto com uma flanela e transfere-se para a mesa de trabalho.

2. Numa mesa de aço inoxidável, deitar álcool a 70% com a tampa meio aberta, tentando cobrir a maior parte do espaço de trabalho. De seguida, com a ajuda de um isqueiro, a área de trabalho é incendiada. De imediato, coloca-se a mangueira do isqueiro na torneira do gás e, uma vez inserida a mangueira, abre-se a torneira para acender dois isqueiros com uma distância de 30 cm entre cada um.

3. Uma vez esterilizada a mesa de trabalho, coloca-se a amostra de queijo numa tábua de cortar coberta com um saco de papel polietileno e, com uma faca esterilizada sobre a chama do queimador, parte-se o queijo em pequenos pedaços e pesam-se 10 g de queijo grelhado numa balança coberta com um saco de papel polietileno.

4. Após a pesagem, a amostra é colocada num saco de polipropileno com metade da solução diluente estéril de peptona de casserina, retirada do frasco de diluição de 100 ml, e homogeneizada no Stomacher durante um minuto. Uma vez homogeneizada a amostra, inclina-se o saco para separar o líquido da amostra e deita-se todo o líquido no mesmo frasco de diluição, marcado com 10-1.

5. $^{-1-2-3}$Para preparar as diluições decimais, retira-se, com o auxílio de uma pipeta esterilizada, 1 ml do frasco de solução com a amostra (10) e transfere-se para o tubo de ensaio com 9 ml de solução de peptona, que constituirá a diluição 10; deste último, com outra pipeta esterilizada, retira-se 1 ml para depositar no segundo tubo com 9 ml de peptona, que constituirá a diluição 10.

6. $^{-1}$Uma vez preparadas e marcadas as três diluições, do frasco de vidro com 90 ml de peptona, correspondente à diluição 10 e com a ajuda de uma pipeta esterilizada, retira-se 1 ml de amostra para depositar no primeiro tubo com o caldo de lauril sulfato. $^{-1}$Repetir o mesmo processo com uma nova pipeta, até obter 3 tubos com a amostra 10 .

$^{-2-2}$Em seguida, a partir do tubo de ensaio com a diluição 10 da peptona, repetir o mesmo processo, tomando 1 ml e transferindo-o para 3 outros tubos de ensaio de caldo de sulfato de laurilo, a assinalar com um 10 .

$^{-3-3}$Por fim, a partir do tubo de ensaio com a diluição 10 de peptona, repetir o mesmo processo, retirando 1 ml de peptona e transferindo-o para outros 3 tubos de ensaio de caldo de sulfato de laurilo, a marcar com 10 .

7. Incubar os tubos a 42 ± 0,5 °C durante 24 ± 2 horas e observar a formação de gás; caso contrário, prolongar a incubação até 48 ± 2 horas.

Teste de confirmação para microrganismos coliformes fecais

- Preparação do meio de confirmação (caldo verde-brilhante biliar)

Se a fermentação da lactose for observada nas campânulas de Durham, utilizam-se nove tubos de ensaio de 13 x 100 mm. O número de tubos a utilizar é proporcional ao número de tubos positivos do meio de enriquecimento. No caso de 9 tubos de ensaio, preparam-se 30 ml de caldo verde brilhante de lactose biliar. Com uma espátula e um vidro de relógio, pesa-se 1,2 g do meio de cultura na balança analítica. Depois de misturar o meio de cultura desidratado e a água destilada, pipetar 3 ml do meio para cada um dos nove tubos de ensaio, que devem ter uma campânula de fermentação. Uma vez fechados, os tubos de ensaio são esterilizados na autoclave a 121 ± 1,0 °C durante 15 minutos. É importante não fechar completamente os tubos para evitar fracturas.

1. De cada tubo com caldo de lauril sulfato que apresente formação de gás, retirar uma enxada e semeá-la num número igual de tubos com meio de confirmação. Incubar a 35 ± 0,5 °C durante 24 ± 2 horas ou, se não se observar a formação de gás neste período, prolongar a incubação durante 48 ± 2 horas.

Teste presuntivo para *Escherichia coli*

- Preparação do caldo EC

1. Para 9 tubos de ensaio, foram preparados 100 ml de caldo EC. Para 100 ml de água destilada, pesam-se 3,75 g de caldo EC com MUG na balança analítica, utilizando uma espátula e um vidro de relógio. Depois de misturar o meio de cultura e a água destilada, a solução é aquecida num balão no grelhador elétrico e fervida durante 5 minutos.
2. É importante esterilizar primeiro os tubos de ensaio com as campânulas de Durham. O número de tubos a esterilizar dependerá do número de tubos positivos do teste de confirmação de microrganismos coliformes totais com os tubos de caldo verde brilhante de lactose-bílis.
3. Depois de todos os tubos de ensaio estarem fechados, são colocados num saco de papel fechado, juntamente com as pipetas de 10 ml num suporte de pipetas, para serem esterilizados no autoclave a 121 ± 1,0 °C durante 15 minutos. É importante não fechar completamente os tubos para evitar fracturas.
4. Uma vez esterilizados os tubos de ensaio com as campânulas de Durham, a partir da preparação do caldo EC com MUG, colocam-se 10 ml do caldo EC em cada tubo de ensaio com a ajuda de pipetas esterilizadas, tendo o cuidado de não deixar entrar ar nas campânulas de fermentação.
5. Tendo os tubos prontos, com uma ansa bacteriológica, tomam-se dois a três lotes para cada tubo positivo da prova de confirmação (caldo verde brilhante de lactose biliar), e transferem-se para cada tubo com a campânula de fermentação do caldo EC.

6. Em seguida, os tubos são agitados para uma homogeneização completa.
7. Os tubos positivos foram registados como aqueles com gás presente, após incubação a 42 ± 0,1°C durante um período de 24 a 48 horas.

Confirmação e pesquisa de *E. coli* em placa de Petri

- Preparação do ágar MacConkey

1. O número de placas de Petri a esterilizar depende do número de tubos positivos do teste de confirmação com caldo EC. Para preparar 150 ml de água destilada, pesar 7,5 g de ágar MacConkey na balança analítica, utilizando uma espátula e um vidro de relógio. Depois de misturar o meio de cultura e a água destilada, aquecer a solução num balão no grelhador elétrico e deixar ferver durante 1 minuto. Depois de misturar o ágar e a água destilada, esterilizar o meio num Erlenmeyer na autoclave a 121 ± 1,0 °C durante 15 minutos.
2. Depois de ter esterilizado o meio de cultura e as placas de Petri, quando o ágar MacConkey tiver arrefecido, deitar 10 a 20 ml do meio em cada placa de Petri, ou até ver que atinge o centro da placa.
3. Depois de o meio ter sido vertido, arrefecido e gelificado, retira-se um lote de cada um dos tubos positivos do caldo EC com MUG, para semear em camadas cruzadas em cada uma das caixas.
4. Incubar a 35°C durante 20 a 24 horas.

Método de referência para o isolamento de *Salmonella spp.*

Fundamentação: Este método é aplicável à deteção de *Salmonella spp.* em produtos para consumo humano, bem como em áreas de produção e manuseamento de alimentos, especialmente em produtos cujas condições ambientais permitam a contaminação destes produtos por microrganismos da família *Enterobacteriaceae*.

Meios de cultura:

- Caldo de peptona tamponado
- Caldo tetrationato
- Caldo de selenito
- Ágar para Salmonella - Shigella

Materiais:

- Pipetas bacteriológicas para dosear 10 e 2 ml
- 2 frascos Erlenmeyer de 250 ml
- 1 Anel bacteriológico
- 1 Erlenmeyer de 500 ml
- 1 Vidro de relógio
- 1 espátula
- 6-10 placas de Petri
- 1 pipeta

- 1 Pipeta
- Suporte para caixa de Petri
- Sacos de papel poli
- 1 proveta graduada de 250 ml
- 2 bicos de Bunsen
- Cesto de autoclave

Equipamento:

- Escala
- Saldo alfabético
- Incubadora
- Autoclave
- Grelhador elétrico
- Stomacher

Preparação do meio de pré-enriquecimento (água tamponada com peptona)

Para preparar 225 ml de solução de peptona, medem-se 225 ml de água destilada numa proveta graduada e pesam-se 0,675 g de meio de peptona de casserina desidratado com uma espátula num vidro de relógio da balança analítica. Após a preparação, esteriliza-se em autoclave durante 15 minutos a $121 \pm 1{,}0°C$.

Recolha de amostras

Para a amostragem, numa tábua de corte coberta com um saco de papel polietileno, corta-se o queijo inteiro com uma faca previamente queimada até integrar toda a amostra e pesam-se 25 g numa balança coberta com um saco de papel polietileno.

Fase 1. Homogeneização e pré-enriquecimento

Depois de pesada, a amostra é transferida para um saco de papel polietileno com metade da solução de água tamponada previamente esterilizada. Tudo é triturado durante 2 minutos no Stomacher. Depois de homogeneizar a amostra, inclina-se o saco para separar o líquido da amostra e deita-se apenas o líquido no mesmo frasco de solução. O frasco é deixado a incubar durante 16 a 24 horas a 37°C.

Preparação do meio de enriquecimento (caldo de selenito-cistina e caldo de tetrationato)

Para preparar 100 ml de caldo de tetrationato, utilizar uma espátula e um vidro de relógio para pesar 4,6 g numa balança anestésica. Depois de misturar o meio desidratado e a água destilada, aquecer a solução num erlenmeyer esterilizado de 250 ml no grelhador elétrico até à ebulição.

Antes de utilizar o meio, adicionam-se 2 ml de solução de iodeto de iodo e 1 ml de solução de verde brilhante a 0,1 % por 100 ml de caldo. O meio adicionado de iodo não deve ser aquecido e deve ser utilizado no mesmo dia em que é preparado.

Para preparar 100 ml de caldo de selenito, pesar 2,3 g na balança analítica, com uma espátula e um vidro de relógio. Depois de misturar o meio desidratado e a água destilada, aquecer a solução num Erlenmeyer de 250 ml esterilizado, no grelhador elétrico, até à ebulição, durante 1 minuto.

Fase 2. Enriquecimento

1) Antes de iniciar o enriquecimento, esterilizar os 2 frascos Erlenmeyer com tampa, 2 pipetas de 10 ml e 2 pipetas de 2 ml dentro do suporte de pipetas. Colocar tudo num cesto no autoclave a 121°C durante 15 minutos.

2. Decorridas as 24 horas de crescimento na água peptonada tamponada, pipetam-se 10 ml da água de amostra com uma pipeta estéril e uma pró-pipeta para um frasco cónico contendo 100 ml de caldo de tetrationato e, com uma pipeta diferente, pipetam-se outros 10 ml para um frasco cónico estéril contendo 100 ml de caldo de selenito. O caldo de tetrationato é incubado durante 48 horas a 42°C - 43°C e o caldo de selenito a 37°C durante 48 horas.

Fase 3: sementeira de placas

- Preparação do ágar Salmonella-Shigella

O número de placas de Petri por meio de cultura pode ser de 3 a 5. Para preparar 150 ml de ágar S-S, medem-se 150 ml de água destilada para um copo de 250 ml; com uma espátula e um vidro de relógio, pesa-se na balança analítica.

9 g de ágar Salmonella-Shigella. Depois de misturar o meio de cultura e a água destilada, aquecer a solução num balão no grelhador elétrico e ferver durante 1 minuto.

1. Quando a incubação de ambos os meios (caldo de selenito e caldo de tetrationato) tiver atingido 48 horas, os meios de cultura e o ágar Salmonella-Shigella são colocados numa zona de aquecimento. Quando o ágar já não estiver quente, deitar cuidadosamente 20-25 ml de ágar nas 6 caixas.

2. Quando o ágar estiver finalmente gelificado, queima-se uma ansa bacteriológica da base até à ponta, para arrefecer no ágar, marcando o ponto de partida da estria. Após a marcação, a ansa é novamente queimada para retirar um lote de cada frasco com meio de enriquecimento e efetuar imediatamente o estiramento cruzado. Para ambos os meios (caldo de selenito e caldo de tetrationato), são utilizadas 6 placas de Petri, ou seja, 3 para a estria do meio de caldo de selenito e 3 para a estria do meio de caldo de tetrationato.

3. Após a sementeira, as placas de Petri invertidas são deixadas a incubar a 37°C durante 48 horas. Após 48 horas, uma segunda sementeira é efectuada de forma idêntica e no mesmo meio, na mesma placa (segunda subcultura).

Em ágar S - S, as colónias de Salmonella após 18 horas são rosa pálido a incolor, tornando-se eventualmente opacas e maiores, e podem ter uma mancha central cinzenta a preta.

6.2.5 Análise comparativa dos resultados obtidos em conformidade com a regulamentação em vigor.

Quadro 6.4 L.imites máximos permitidos nos queijos frescos

Micro-organismos	Limite máximo admissível*. QUEIJO FRESCO
Coliformes fecais (NMP/g)	100
***Staphylococcus Aureus* (CFU/g)**	1000
Fungos e leveduras (CFU/g)	500
***Salmonela* em 25 g**	NEGATIVO
***Listeria monocytogenes* em 25 gr**	NEGATIVO

Fonte: Norma Oficial Mexicana (NOM-121-SSA1-1994).

De acordo com a NOM-121-SSA1-1994, os valores de referência considerados para a comparação de médias pertencem à classificação de queijos frescos, uma vez que o queijo grelhado não é um queijo que requer um período de maturação e é geralmente consumido no final da sua produção.

Vale a pena mencionar que neste projeto foi omitida a determinação de *Sthaphylococcus Aureus* e *Listeria Monocytogenes.*

7.1 Interpretação dos resultados

As análises microbiológicas foram efectuadas de acordo com as Normas Oficiais Mexicanas. Os resultados obtidos foram comparados com a definição da (NOM-121-SSA1-1994), que indica as especificações sanitárias para queijos: frescos, curados e processados; e para a contagem de coliformes fecais e *Escherichia coli* com os limites permitidos na (NOM-243- SSA1-2010), que indica as disposições do leite, fórmula láctea, produto lácteo combinado e derivados lácteos. Das 5 amostras analisadas, 3 continham *Escherichia coli e Salmonella spp.*

Fórmula para obter o número de UFC/gr para a contagem de colónias em placa de Petri

Uma vez terminada a contagem de colónias de coliformes totais, bolores e leveduras e mesófilos aeróbios, foi aplicada a seguinte fórmula

$$\text{CFU/gr o CFU/ml} = \frac{\text{Número de colónias por placa x fator de diluição}}{\text{ml de amostra semeada}}$$

Onde:

- N.º de colónias por placa: o número de colónias significativas contadas na última placa.
- $^{-1-2-3-4-5}$Fator de diluição: indica o inverso da diluição, ou seja, 1/10 ou 10 , 1/100 ou 10 , 1/1000 ou 10 , 1/10000 ou 10 e 1/100000 ou 10 .
- ml de amostra semeada: é a quantidade, em ml, de amostra semeada na placa de Petri.

Na contagem de bactérias, o fator de diluição indica o número pelo qual o número de bactérias encontradas ou contadas nas placas deve ser multiplicado para saber quantas bactérias estão presentes em 1 ml ou 0,1 ml da suspensão bacteriana.

Unidades formadoras de colónias de coliformes ou resultados de coliformes UFC/gr

Totais

Quadro 7.1 Resultados de UFC de coliformes totais da fábrica de queijo "La virgencita".

Queso asadero /Ozuluama
Queseria "La virgencita".

Diluição	N.º de colónias	FDD	FDD*Número de colónias	Amostra de ml	UFC/gr
1		10	530	0.1	5.30E+03
2	1	100	100	0.1	1.00E+03
3	0		0	0.1	0.00E+00
	0	10000	0	0.1	0.00E+00

5	0	100000	0	0.1	0.00E+00

Tabela 7.2 Resultados de UFC de coliformes totais da fábrica de queijo "Oly".

Queijo grelhado /Ozuluama Queseria "Oly".					
Diluição	**N.º de colónias**	**FDD**	**FDD*Número de colónias**	**Amostra de ml**	**UFC/gr**
1	0	10	0	0.1	0.00E+00
	0	100	0	0.1	0.00E+00
	0		0	0.1	0.00E+00
	0		0	0.1	0.00E+00
5	0	100000	0	0.1	0.00E+00

Tabela 7.3 Resultados de UFC de coliformes totais da fábrica de queijo "Rosales".

Queso asadero /Tempoal Queseria "Rosales".					
Diluição	**N.º de colónias**	**FDD**	**FDD*Número de colónias**	**Amostra de ml**	**UFC/gr**
1	25	10	250	0.1	2.50E+03
2		100	1800	0.1	1.80E+04
3	3		3000	0.1	3.00E+04
	0		0	0.1	0.00E+00
5	0	100000	0	0.1	0.00E+00

Quadro 7.4 Resultados de UFC de coliformes totais da fábrica de queijo "Yazmin".

Queijo grelhado /Tantoyuca Queseria "Yazmin".					
Diluição	**N.º de colónias**	**FDD**	**FDD*Número de colónias**	**Amostra de ml**	**UFC/gr**
1	3	10	30	0.1	3.00E+02
	0	100	0	0.1	0.00E+00
3	0		0	0.1	0.00E+00
	0		0	0.1	0.00E+00
5	0	100000	0	0.1	0.00E+00

Tabela 7.5 Resultados de UFC de coliformes totais da fábrica de queijo "Anita".

Queso asadero /Tempoal Queseria "Anita".					
Diluição	**N.º de colónias**	**FDD**	**FDD*Número de colónias**	**Amostra de ml**	**UFC/gr**
1	0	10	0	0.1	0.00E+00
	0	100	0	0.1	0.00E+00
3	0		0	0.1	0.00E+00
	0	10000	0	0.1	0.00E+00
5	0	100000	0	0.1	0.00E+00

Resultados das unidades formadoras de colónias ou CFU/gr de mesófilos aeróbios

Tabela 7.6 Resultados da UFC de bactérias mesófilas aeróbias da fábrica de queijo "La Virgencita".

Queso asadero /Ozuluama Queseria "La Virgencita".

Diluição	N.º de colónias	FDD	FDD*Número de colónias	Amostra de ml	UFC/gr
1		10	1800	0.1	1.80E+04
	150	100	15000	0.1	1.50E+05
3		1000	120000	0.1	1.20E+06
4	50		500000	0.1	5.00E+06
5	4	100000	400000	0.1	4.00E+06

Tabela 7.7 Resultados de UFC de mesófilos aeróbios da fábrica de queijo "Oly".

Queijo grelhado /Ozuluama Queseria "Oly".

Diluição	N.º de colónias	FDD	FDD*Número de colónias	Amostra de ml	UFC/gr
1	150	10		0.1	1.50E+04
	130	100	13000	0.1	1.30E+05
3	50		50000	0.1	5.00E+05
4	5		50000	0.1	5.00E+05
5		100000	400000	0.1	4.00E+06

Tabela 7.8 Resultados de UFC de mesófilos aeróbios da fábrica de queijo "Rosales".

Queso asadero /Tempoal Queseria "Rosales".

Diluição	N.º de colónias	FDD	FDD*Número de colónias	Amostra de ml	UFC/gr
1	150	10		0.1	1.50E+04
	125	100	12500	0.1	1.25E+05
	85		85000	0.1	8.50E+05
	50		500000	0.1	5.00E+06
5		100000	200000	0.1	2.00E+06

Tabela 7.9 Resultados de CFU de mesófilos aeróbios da fábrica de queijo "Yazmin".

Queijo grelhado /Tantoyuca Queseria "Yazmin".

Diluição	N.º de colónias	FDD	FDD*Número de colónias	Amostra de ml	UFC/gr
1	150	10	1500	0.1	1.50E+04
	80	100	8000	0.1	8.00E+04
3	50		50000	0.1	5.00E+05
4	30		300000	0.1	3.00E+06
5		100000	1200000	0.1	1.20E+07

Tabela 7.10 Resultados da UFC de bactérias mesófilas aeróbias da fábrica de queijo "Anita

Queso asadero /Tempoal Queseria "Anita".

Diluição	N.º de colónias	FDD	FDD*Número de colónias	Amostra de ml	UFC/gr
1	110	10		0.1	1.10E+04
2	50	100		0.1	5.00E+04
	4	1000		0.1	4.00E+04

	1			0.1	1.00E+05
5	1	100000	100000	0.1	1.00E+06

Resultados das unidades formadoras de colónias ou CFU/gr de fungos e leveduras

Tabela 7.11 Resultados de CFU de fungos e leveduras da fábrica de queijo "La Virgencita".

Queso asadero /Ozuluama Queseria "La Virgencita".					
Diluição	**N.º de colónias**	**FDD**	**FDD*Número de colónias**	**Amostra de ml**	**UFC/gr**
1	230	10	2300	0.1	2.30E+04
2		100	15700	0.1	1.57E+05
	85		85000	0.1	8.50E+05
	80		800000	0.1	8.00E+06
5	55	100000	5500000	0.1	5.50E+07

Quadro 7.12 Resultados de UFC de fungos e leveduras da fábrica de queijo "Oly".

Queijo grelhado /Ozuluama Queseria "Oly".					
Diluição	**N.º de colónias**	**FDD**	**FDD*Número de colónias**	**Amostra de ml**	**UFC/gr**
1	150	10		0.1	1.50E+04
	90	100	9000	0.1	9.00E+04
	53		53000	0.1	5.30E+05
	30	10000	300000	0.1	3.00E+06
5	5	100000	500000	0.1	5.00E+06

Tabela 7.13 Resultados de CFU de fungos e leveduras da fábrica de queijo "Rosales".

Queso asadero /Tempoal Queseria "Rosales".					
Diluição	**N.º de colónias**	**FDD**	**FDD*Número de colónias**	**mL de amostra**	**UFC/gr**
1	150	10		0.1	1.50E+04
2	135	100	13500	0.1	1.35E+05
	80	1000	80000	0.1	8.00E+05
	67	10000	670000	0.1	6.70E+06
5	58	100000	5800000	0.1	5.80E+07

Tabela 7.14 Resultados de CFU de fungos e leveduras da fábrica de queijo "Yazmin".

Queijo grelhado /Tantoyuca Queseria "Yazmin".					
Diluição	**N.º de colónias**	**FDD**	**FDD*Número de colónias**	**Amostra de ml**	**UFC/gr**
1	Mais de 300	10	0	0.1	Inúmeros
	149	100	14900	0.1	1.49E+05
	50		50000	0.1	5.00E+05
4			440000	0.1	4.40E+06
5	30	100000	3000000	0.1	3.00E+07

Tabela 7.15 Resultados de CFU de fungos e leveduras da fábrica de queijo "Anita".

Queso asadero /Tempoal Queseria "Anita".

Diluição	N.º de colónias	FDD	FDD*Número de colónias	Amostra de ml	UFC/gr
1	135	10	1350	0.1	1.35E+04
2		100	12700	0.1	1.27E+05
			38000	0.1	3.80E+05
	30		300000	0.1	3.00E+06
5	0	100000	0	0.1	0.00E+00

Resultados da técnica do número mais provável ou NMP/gr de coliformes fecais

Para a análise de NMP/gr de coliformes fecais em amostras de queijo grelhado, o procedimento foi seguido considerando-se apenas as amostras que indicaram crescimento microbiano de coliformes totais em placas de Petri. Das 5 amostras de queijo grelhado, apenas 2 queijarias não apresentaram a presença do grupo coliforme ("Oly"/Ozuluama e "Anita"/Tempoal).

De acordo com a NOM-210-SSA1-2014, o caldo de lauril sulfato foi utilizado como meio de enriquecimento seletivo. A presença de coliformes totais foi indicada quando os tubos apresentavam um aspeto gasoso nas campânulas de Durham e turvação. Dois a três lotes de cada tubo positivo foram então colocados num número igual de tubos com caldo verde brilhante lactose-bile como meio de confirmação para coliformes fecais, incubados a 42 °C durante 24 a 48 horas.

Tabela 7.16 Resultados de NMP/gr de coliformes fecais da fábrica de queijo "La Virgencita".

Queso asadero/Ozuluama Queseria "La Virgencita".

	Número de resultados positivos			Iiidice de NMP
	10^{-1}	10^{-2}	10^{-3}	
1	X	X		
	X	X		
	X	X		24 NMP/gr

Tabela 7.17 Resultados de NMP/gr de coliformes fecais da fábrica de queijo "Rosales".

Queso asadero /Tempoal Queseria "Rosales".

	Número de resultados positivos			Iiidice de NMP
	10^{-1}	10^{-2}	10^{-3}	
1	X	X	X	
	X	X	X	> 110 NMP/gr
	X	X	X	

Quadro 7.18 Resultados de NMP/gr de coliformes fecais da fábrica de queijo "Yazmin".

Queijo grelhado /Tantoyuca Queseria "Yazmin".

	Número de resultados positivos			Índice MPN
	10^{-1}	10^{-2}	10^{-3}	
1	X			0,92 NMP/gr

	X			

Resultados da técnica do número mais provável ou NMP/gr de *Escherichia coli*

Para a análise de *Escherichia coli* NMP/g em amostras de queijo grelhado, seguiu-se o mesmo procedimento da confirmação, retirando-se de cada tubo positivo com presença de gás duas a três assaduras em campânulas de Durham com o meio caldo verde brilhante lactose. Uma vez retirados os lotes de cada tubo, estes foram semeados num número igual de tubos com caldo EC, que foram incubados a 42°C durante 24 a 48 horas. Finalmente, a partir dos tubos com gás presentes nas campânulas, procedeu-se à sementeira em placas de Petri com Ágar McConkey por estrias cruzadas para confirmar a presença de *E. coli*.

Tabela 7.19 Resultados de NMP/gr de *E. coli* da fábrica de queijo "La Virgencita".

Queso asadero /Ozuluama Queseria "La Virgencita".				
	Número de resultados positivos			**Índice NMP**
	10^{-1}	**10^{-2}**	**10^{-3}**	
1	X	X		24 NMP/gr
2	X	X		
3	X	X		

Tabela 7.20 Resultados de NMP/gr de *E. coli* da fábrica de queijo "Rosales".

Queso asadero /Tempoal Queseria "Rosales".				
	Número de resultados positivos			**Índice NMP**
	10^{-1}	**10^{-2}**	**10^{-3}**	
1	X	X	X	> 110 NMP/gr
	X	X	X	
3	X	X	X	

Quadro 7.21 Resultados de NMP/gr de *E. coli* da fábrica de queijo "Yazmin".

Queijo grelhado /Tantoyuca Queseria "Yazmin".				
	Número de resultados positivos			**Índice MPN**
	10^{-1}	**10^{-2}**	**10^{-3}**	
1	X			0,92 NMP/gr
	X			
3				

Resultados da identificação e isolamento de *Salmonella spp.*

De acordo com o método utilizado, pesaram-se 25 g de queijo grelhado, adicionaram-se 225 ml de água peptonada estéril e incubou-se a 37°C durante 24 horas. Após este período, 10 ml da solução foram vertidos para um frasco com 100 ml de caldo tetrationato e 10 ml da solução foram vertidos para outro frasco com 100 ml de caldo selenito-cistina. Todas as amostras foram submetidas ao mesmo processo de incubação acima descrito e, uma vez terminado, foram semeadas em ágar *Salmonella-Shigella*. Para esta análise, a identificação de *Salmonella* foi considerada apenas como positiva ou ausente na amostra de 25 g.

Quadro 7.22 Resultado do teste para a identificação de *Salmonella spp* a partir da queijaria "La
Nossa Senhora".

Queso asadero /Ozuluama Queseria "La Virgencita".			
Teste	**Resultado**		**Resultado para *Salmonella spp.* em 25 gramas**
Caldo de base de tetrationato e caldo de cistina com selenito	**Negativo**	**Positivo**	
	Não aparecem colónias de cor rosa pálido a preto.	Aspeto das colónias cor-de-rosa pálido. Podem apresentar uma mancha central cinzenta ou preta.	+ em caldo de selenito-cistina

Quadro 7.23 Resultado do teste para a identificação de *Salmonella spp* da fábrica de queijo "Rosales".

Queso asadero /Tempoal Queseria "Rosales".			
Teste	**Resultado**		**Resultado para *Salmonella spp.* Em 25 g**
Caldo de base de tetrationato e caldo de cistina com selenito	**Negativo**	**Positivo**	
	Não aparecem colónias de cor rosa pálido a preto.	Aspeto das colónias cor-de-rosa pálido. Podem apresentar uma mancha central cinzenta ou preta.	+ em caldo de selenito-cistina

Quadro 7.24 Resultado do teste para a identificação de *Salmonella spp* da fábrica de queijo "Yazmin".

Queijo grelhado /Tantoyuca Queseria "Yazmin".			
Teste	**Resultado**		**Resultado para *Salmonella spp.* Em 25 g**
Caldo de base de tetrationato e caldo de cistina com selenito	**Negativo**	**Positivo**	
	Não aparecem colónias de cor rosa pálido a preto.	Aspeto das colónias cor-de-rosa pálido. Podem apresentar uma mancha central cinzenta ou preta.	+ em Caldo tetrationato

Com a ajuda de um programa estatístico, foi efectuada uma análise de variância (ANOVA) e três testes de Tukey, utilizando os resultados obtidos em cada análise (ver capítulo VI. Resultados) para determinar se existiam diferenças significativas entre os queijos amostrados, considerando o número de coliformes fecais, mesófilos aeróbios e fungos e leveduras.

Tabela 7.25 Resultados da análise estatística (ANOVA).

Origem		Soma de quadrados do tipo III	Gl	Raiz quadrada média	F
Modelo corrigido	Coliformes totais	522495200.000[a]	8	65311900.000	**1.723**
	Mesófilos aeróbios	103329803120000.000[b]	8	12916225390000.000	**2.767**
	Fungos e leveduras	3950738402712799.000[c]	8	493842300339100.000	**3.496**
Cruzamento	Coliformes totais	130416400.000	1	130416400.000	3.440
	Mesófilos aeróbios	64960376039999.900	1	64960376039999.900	13.914
	Fungos e leveduras	1251529298841600.000	1	1251529298841600.000	8.860
Diluição	Coliformes totais	134905600.000	4	33726400.000	0.890
	Mesófilos aeróbios	79799584160000.000		19949896040000.000	4.273
	Fungos e leveduras	3257232906406400.000		814308226601600.000	5.765
Localização	Coliformes totais	0.000	0		
	Mesófilos aeróbios	0.000	0		
	Fungos e leveduras	0.000	0		
Fábrica de queijo	Coliformes totais	0.000	0		
	Mesófilos aeróbios	0.000	0		
	Fungos e leveduras	0.000	0		
Erro	Coliformes totais	606518400.000		**37907400.000**	
	Mesófilos aeróbios	74698965840000.000	16	**4668685365000.000**	
	Fungos e leveduras	2260110563785600.000	16	**141256910236600.000**	
Total	Coliformes totais	1259430000.000	25		
	Mesófilos aeróbios	242989145000000.000	25		
	Fungos e leveduras	7462378265340000.000	25		
Total corrigido	Coliformes totais	1129013600.000			
	Mesófilos aeróbios	178028768960000.000	24		
	Fungos e leveduras	6210848966498400.000			

De acordo com os resultados obtidos na tabela 7.23, os valores da tabela ANOVA foram calculados no software estatístico Spss Statistics, com o qual foi possível estimar o valor de Fisher, que foi obtido por meio da seguinte fórmula: Quadros FO > F (Numerador GL; Denominador GL)

$$Fisher = \frac{Tratamentos\ CM}{Erro\ CM}$$

Com a ajuda desta fórmula, a hipótese nula pode ser rejeitada ou aceite.

ou hipótese alternativa.

Figura 7.1 Valores F da distribuição de Fisher

Figura 7.1 Valores F de la distribución Fisher

Tabla 5. VALORES F DE LA DISTRIBUCIÓN F DE FISHER

$1 - \alpha = 0.95$ $\qquad$ v_1 = grados de libertad del numerador

$1 - \alpha = P(F \leq f_{\alpha, v1, v2})$ $\qquad$ v_2 = grados de libertad del denominador

v_2 \ v_1	1	2	3	4	5	6	7	8	9	10	11	12	13	14	15	16	17	18
1	161.446	199.499	215.707	224.583	230.160	233.988	236.767	238.884	240.543	241.882	242.981	243.905	244.690	245.363	245.949	246.466	246.917	247.324
2	18.513	19.000	19.164	19.247	19.296	19.329	19.353	19.371	19.385	19.396	19.405	19.412	19.419	19.424	19.429	19.433	19.437	19.440
3	10.128	9.552	9.277	9.117	9.013	8.941	8.887	8.845	8.812	8.785	8.763	8.745	8.729	8.715	8.703	8.692	8.683	8.675
4	7.709	6.944	6.591	6.388	6.256	6.163	6.094	6.041	5.999	5.964	5.936	5.912	5.891	5.873	5.858	5.844	5.832	5.821
5	6.608	5.786	5.409	5.192	5.050	4.950	4.876	4.818	4.772	4.735	4.704	4.678	4.655	4.636	4.619	4.604	4.590	4.579
6	5.987	5.143	4.757	4.534	4.387	4.284	4.207	4.147	4.099	4.060	4.027	4.000	3.976	3.956	3.938	3.922	3.908	3.896
7	5.591	4.737	4.347	4.120	3.972	3.866	3.787	3.726	3.677	3.637	3.603	3.575	3.550	3.529	3.511	3.494	3.480	3.467
8	5.318	4.459	4.066	3.838	3.688	3.581	3.500	3.438	3.388	3.347	3.313	3.284	3.259	3.237	3.218	3.202	3.187	3.173
9	5.117	4.256	3.863	3.633	3.482	3.374	3.293	3.230	3.179	3.137	3.102	3.073	3.048	3.025	3.006	2.989	2.974	2.960
10	4.965	4.103	3.708	3.478	3.326	3.217	3.135	3.072	3.020	2.978	2.943	2.913	2.887	2.865	2.845	2.828	2.812	2.798
11	4.844	3.982	3.587	3.357	3.204	3.095	3.012	2.948	2.896	2.854	2.818	2.788	2.761	2.739	2.719	2.701	2.685	2.671
12	4.747	3.885	3.490	3.259	3.106	2.996	2.913	2.849	2.796	2.753	2.717	2.687	2.660	2.637	2.617	2.599	2.583	2.568
13	4.667	3.806	3.411	3.179	3.025	2.915	2.832	2.767	2.714	2.671	2.635	2.604	2.577	2.554	2.533	2.515	2.499	2.484
14	4.600	3.739	3.344	3.112	2.958	2.848	2.764	2.699	2.646	2.602	2.565	2.534	2.507	2.484	2.463	2.445	2.428	2.413
15	4.543	3.682	3.287	3.056	2.901	2.790	2.707	2.641	2.588	2.544	2.507	2.475	2.448	2.424	2.403	2.385	2.368	2.353
16	4.494	3.634	3.239	3.007	2.852	2.741	2.657	2.591	2.538	2.494	2.456	2.425	2.397	2.373	2.352	2.333	2.317	2.302
17	4.451	3.592	3.197	2.965	2.810	2.699	2.614	2.548	2.494	2.450	2.413	2.381	2.353	2.329	2.308	2.289	2.272	2.257
18	4.414	3.555	3.160	2.928	2.773	2.661	2.577	2.510	2.456	2.412	2.374	2.342	2.314	2.290	2.269	2.250	2.233	2.217
19	4.381	3.522	3.127	2.895	2.740	2.628	2.544	2.477	2.423	2.378	2.340	2.308	2.280	2.256	2.234	2.215	2.198	2.182
20	4.351	3.493	3.098	2.866	2.711	2.599	2.514	2.447	2.393	2.348	2.310	2.278	2.250	2.225	2.203	2.184	2.167	2.151
21	4.325	3.467	3.072	2.840	2.685	2.573	2.488	2.420	2.366	2.321	2.283	2.250	2.222	2.197	2.176	2.156	2.139	2.123
22	4.301	3.443	3.049	2.817	2.661	2.549	2.464	2.397	2.342	2.297	2.259	2.226	2.198	2.173	2.151	2.131	2.114	2.098
23	4.279	3.422	3.028	2.796	2.640	2.528	2.442	2.375	2.320	2.275	2.236	2.204	2.175	2.150	2.128	2.109	2.091	2.075

Fuente: (UNAM, 2013).

Fonte: (UNAM, 2013).

Neste caso, para aceitar ou rejeitar qualquer hipótese, foi necessário calcular os valores de Tukey para determinar se existem diferenças significativas entre os resultados, a fim de os comparar com os regulamentos actuais.

- O valor de Fisher calculado para os coliformes totais foi de 1,723, sendo inferior ao valor de Fisher calculado a partir das tabelas (2,591).
- O valor de Fisher para os mesófilos aeróbios foi de 2,767, sendo superior ao valor de Fisher calculado a partir das tabelas (2,591).
- O valor de Fisher para fungos e leveduras foi de 3,496, sendo superior ao valor de Fisher calculado para as tabelas (2,591).

Tendo em conta o exposto, considera-se a hipótese nula quando não há diferença entre as médias dos diferentes grupos: LI 1 = LI2 = LI3 = ц4.

E a hipótese alternativa é considerada quando pelo menos um par de médias é significativamente diferente um do outro.

O Fisher dos coliformes totais sendo inferior ao Fisher das tabelas, indica que a hipótese nula é aceite e a hipótese alternativa é rejeitada, o que significa que não existem diferenças significativas entre os resultados obtidos e as amostras.

O Fisher dos mesófilos aeróbios sendo superior ao Fisher das tabelas, indica que a hipótese nula é rejeitada e a hipótese alternativa é aceite, o que significa que existem diferenças significativas entre os resultados obtidos e as questões.

O Fisher para os fungos e leveduras, sendo superior ao Fisher para as mesas, indica que a hipótese nula é rejeitada e a hipótese alternativa é aceite, o que significa que existem diferenças significativas entre os resultados obtidos e os queijos.

Por outro lado, para obter a comparação de médias pelo método de Tukey, utilizou-se a seguinte fórmula para determinar por meio de diferentes literais a, b e c como forma de saber se na realidade existiam diferenças para cada uma das médias calculadas.

$$w = q^{*} \sqrt{\frac{CME}{r}}$$

Para Tukey para coliformes totais, mesófilos e fungos e leveduras, foi considerado o mesmo valor de tabela, pois todos os tratamentos implementaram os mesmos graus de liberdade (16 GL de erro) no estudo. Tukey= (n. Tratamentos; GL de erro n')

Tukey= (3 tratamentos; 16 gl)

Tukey= **3,65**

Figura 7.2 Continuação do gráfico de Tukey

... continuação do gráfico de Tukey

... continuación de la tabla de Tukey

9	0.05	3.20	3.95	4.42	4.76	5.02	5.24	5.43	5.60	5.74	5.87
	0.01	4.60	5.43	5.96	6.35	6.66	6.91	7.13	7.32	7.49	7.65
10	0.05	3.15	3.88	4.33	4.65	4.91	5.12	5.30	5.46	5.60	5.72
	0.01	4.48	5.27	5.77	6.14	6.43	6.67	6.87	7.05	7.21	7.36
11	0.05	3.11	3.82	4.26	4.57	4.82	5.03	5.20	5.35	5.49	5.61
	0.01	4.39	5.14	5.62	5.97	6.25	6.48	6.67	6.84	6.99	7.13
12	0.05	3.08	3.77	4.20	4.51	4.75	4.95	5.12	5.27	5.40	5.51
	0.01	4.32	5.04	5.50	5.84	6.10	6.32	6.51	6.67	6.81	6.94
13	0.05	3.06	3.73	4.15	4.45	4.69	4.88	5.05	5.19	5.32	5.43
	0.01	4.26	4.96	5.40	5.73	5.98	6.19	6.37	6.53	6.67	6.79
14	0.05	3.03	3.70	4.11	4.41	4.64	4.83	4.99	5.13	5.25	5.36
	0.01	4.21	4.89	5.32	5.63	5.88	6.08	6.26	6.41	6.54	6.66
15	0.05	3.01	3.67	4.08	4.37	4.60	4.78	4.94	5.08	5.20	5.31
	0.01	4.17	4.83	5.25	5.56	5.80	5.99	6.16	6.31	6.44	6.55
16	0.05	3.00	3.65	4.05	4.33	4.56	4.74	4.90	5.03	5.15	5.26
	0.01	4.13	[illegible]	5.19	5.49	5.72	5.92	6.08	6.22	6.35	6.46

Fonte: (Lifeder, 2020).

Por último, pode ser aplicada a fórmula de Tukey, como se segue:

$$w = q^{*} \sqrt{\frac{\text{CME de coliformes totales}}{\text{repeticiones}} = \frac{37907400}{1}} = 37907400$$

$$w = q^{*} \sqrt{\frac{\text{CME de mesófilos aerobios}}{\text{repeticiones}} = \frac{4668685365000}{1}} = 4668685365000$$

$$w = q^{*} \sqrt{\frac{\text{CME de hongos y levaduras}}{\text{repeticiones}} = \frac{141256910236600}{1}} = 141256910236600$$

Como apenas uma repetição foi considerada para cada análise, o valor de Tukey permaneceu o mesmo que o resultado do erro quadrático médio calculado.

Quadro 7.26 Médias marginais estimadas

Variável dependente	Media	Erro	Intervalo de confiança de 95%	
			1 .unir inferior	l.imite superior
Coliformes totais	2284.000	1231.380	-326.408	4894.408
Mesófilos	1611960.000	432142.817	695858.151	2528061.849
Fungos e leveduras	7075392.000	2377031.007	2036311.371	12114472.629

A tabela 7.26 apresenta a média de cada um dos resultados obtidos para cada teste. Esta foi obtida somando todas as UFC/gr, ou seja, somando todos os valores obtidos para cada um dos testes (coliformes totais, mesófilos aeróbios e fungos e leveduras) e dividindo o total pelo número de diluições semeadas na placa de Petri (5 diluições).

Quadro 7.27 Subconjuntos homogéneos para coliformes totais

Coliformes totais HSD Tukey[a,b]

Fábrica de queijo	N	Subconjunto	Subconjunto
		1	
YAZMIN	5	60.0000	
A VIRGENCITA	5	1260.0000	
ROSALES	5	10100.0000	
OLY	5		0.0000
ANITA	5		0.0000
Sig.		0.119	

Nota: As médias são apresentadas para grupos em subconjuntos homogéneos. Com base em médias observadas.

ᵃLetra : Subconjunto 1

ᵇCarta : Subconjunto 2

Tabela 7.28 Subconjuntos homogëneos para bactérias mesófilas aeróbias

Bactérias aeróbias mesófilas HSD Tukey[a,b]

Fábrica de queijo	N	Subconjunto
		1
ANITA	5	240200.000
OLY	5	1029000.000
ROSALES	5	1598000.000
A VIRGENCITA	5	2073600.000
YAZMIN	5	3119000.000
Sig.		0.265

Nota: As médias são apresentadas para grupos em subconjuntos homogéneos. Com base nas médias observadas.

[a]Letra : Subconjunto 1

Tabela 7.29 Subconjuntos homogéneos de fungos e leveduras

Fungos e leveduras HSD Tukey[a,b]

Fábrica de queijo	N	Subconjunto
		1
ANITA	5	704100.0000
OLY	5	1727000.0000

YAZMIN	5	7009860.0000
A VIRGENCITA	5	12806000.0000
ROSALES	5	13130000.0000
Sig.		0.488

Nota: As médias são apresentadas para grupos em subconjuntos homogéneos. Baseia-se em as médias observadas.

[a]Letra : Subconjunto 1

A análise de variância (ANOVA) mostrou que existem diferenças significativas (a=0,05) entre as queijarias no que respeita ao número de bactérias coliformes totais. O teste de Tukey para comparação de médias mostrou que apenas duas das três queijarias não apresentaram crescimento de bactérias coliformes, pelo que são consideradas queijarias fora do estudo por não representarem uma via direta de contaminação.

Por outro lado, para a análise estatística dos mesófilos aeróbios e dos fungos e leveduras, não foram encontradas diferenças significativas, pois os valores representados pelo NMP/gr, apesar de ultrapassarem os limites permitidos pela NOM- 121-SSA1-1994, não provocaram variações estatísticas que influenciassem as médias.

7.3 Comparação dos resultados com os limites admissíveis da NOM- 121-SSA1-1994

Os resultados obtidos para cada análise microbiológica, expressos em UFC/gr para coliformes totais, bactérias mesófilas aeróbias e fungos e leveduras, são apresentados a seguir. E os resultados expressos em NMP/gr para leitura de tubos de ensaio de análises como: coliformes fecais e determinação de *E. coli*. No caso da salmonela, apenas 3 amostras foram positivas em placas de Petri. Ver X. Anexos. Para além da comparação dos resultados com a NOM-121-SSA1-1994, foram considerados alguns trabalhos publicados por diferentes autores a nível nacional relacionados com a qualidade sanitária dos queijos frescos, de forma a conhecer outras perspectivas em função da metodologia utilizada.

Tabela 7.30 Comparação de coliformes totais com NOM-121-SSA1-1994

Fábrica de queijo	Localização	X de CFU/gr	"Avaliação da qualidade microbiológica do queijo grelhado produzido e comercializado em Villa Ahumada, Chihuahua, México. (Calderon, Ponce, Vidales & Arredondo,	Limite admissível NOM-121-SSA1-1994

			2017)	
"La Virgencita" (A pequena Madona)	Ozuluama	1,26E+03 ou 1260[a]	Queijo 1 320 UFC/g	<100 CFU/g ou CFU/ml
"Roseiras"	Tempoal	1,01E+04 ou 10100[a]	Queijo 2 280 CFU/g	
"Yazmin"	Tantoyuca	6,00E+01 ou 60[a]	Queijo 3 310 UFC/g	
"Oly"	Ozuluama	0,00E+00 ou 0[b]	Queijo 4 3800 CFU/g	
"Anita"	Tempoal	0,00E+00 ou 0[b]	Queijo 5 330 UFC/g	

Nota: Valores com a mesma letra não são significativamente diferentes Tukey a = 0,05.

Os resultados da tabela mostram que existem diferenças estatisticamente significativas entre as queijarias amostradas. Por outro lado, observa-se que as amostras da queijaria "Oly" e da queijaria "Anita" não apresentaram crescimento microbiano para coliformes totais em placas de Petri, como pode ser observado no Anexo 2. Evidência de CFU/gr em placas de Petri para coliformes totais. Apenas 3 amostras apresentaram um crescimento microbiano superior, demonstrando que as duas queijarias pertencentes à Ozuluama "La Virgencita" e "Rosales" ultrapassaram largamente o limite permitido. Estes resultados são semelhantes aos obtidos por (Calderon, Ponce, Vidales & Arredondo, 2017) no seu trabalho intitulado "Evaluacion de la calidad microbiologica del queso asadero elaborado y comercializado en Villa ahumada, Chihuahua, México". Neste trabalho, dão especial ênfase ao facto de este indicador evidenciar a má qualidade sanitária do queijo asadero que chega ao consumidor.

Da mesma forma, as 5 amostras analisadas por (Calderon, Ponce, Vidales & Arredondo, 2017) excederam o Hmite máximo permitido pela NOM-121-SSA1-1994. Este indicador é causado principalmente pela falta de pasteurização do leite, reflectindo as más condições de higiene no processo de produção do queijo.

Tabela 7.31 Comparação de bactérias mesófilas aeróbias com NOM-121-SSA1-1994

Fábrica de queijo	**Localização**	**X de CFU/gr**	**"Avaliação da qualidade microbiológica do queijo grelhado produzido e comercializado em Villa Ahumada, Chihuahua, México. (Calderon, Ponce, Vidales & Arredondo, 2017)**	**Limite admissível NOM-121- SSA1-1994**

"La Virgencita" (A pequena Madona)	Ozuluama	2,07E+06 ou 2073600a	Queijo 1 3430 CFU/g	<100 CFU/g ou CFU/ml
"Oly"	Ozuluama	1.03E+06 ou 1029000a	Queijo 2 1680 CFU/g	
"Roseiras"	Tempoal	1,60E+06 ou 1598000a	Queijo 3 23600 CFU/g	
"Anita"	Tempoal	2,40E+05 ou 240200a	Queijo 4 28500 CFU/g	
"Yazmin"	Tantoyuca	3.12E+06 o 3119000a	Queijo 5 2930 UFC/g	

Nota: Valores com a mesma letra não são significativamente diferentes Tukey a = 0,05.

Os resultados da tabela mostram que não há diferenças estatisticamente significativas entre os resultados em UFC/gr de bactérias mesófilas aeróbias das queijarias amostradas. Pode observar-se que o queijo grelhado da queijaria "Anita" foi a amostra com a taxa de crescimento mais baixa. A amostra da queijaria "La Virgencita" foi a que obteve o maior número de colónias, como se pode ver no Anexo 1. Evidência de CFU/gr em caixas de Petri de mesófilos aeróbios. Esses resultados são semelhantes aos obtidos por (Calderon, Ponce, Vidales & Arredondo, 2017) em seu trabalho intitulado "Avaliação da qualidade microbiológica do queijo asadero produzido e comercializado em Villa ahumada, Chihuahua, México".

No entanto, embora os seus resultados tenham excedido a norma, o crescimento microbiano dos mesófilos aeróbios foi consideravelmente inferior em comparação com os resultados obtidos neste trabalho.

No trabalho realizado por (Calderon, Ponce, Vidales & Arredondo, 2017) é estabelecido que os mesófilos aeróbios apenas indicam a quantidade de microrganismos viáveis presentes nas amostras de queijo, sem serem considerados agentes nocivos à saúde.

Tabela 7.32 Comparação de fungos e leveduras com NOM-121-SSA1-1994

Fábrica de queijo	**Localização**	**X de CFU/gr**	**"Estudo do prazo de validade do queijo grelhado" (Inungaray & Hernandez, 2018).**	**Limite admissível NOM-121-SSA1-1994**
"La Virgencita" (A pequena Madona)	Ozuluama	1.28E+07 o 12806000a	>500 CFU/g	500 CFU/g

"Oly"	Ozuluama	1,73E+06 ou 1727000a	>500 CFU/g
"Roseiras"	Tempoal	1,31E+07 ou 13130000a	>500 CFU/g
"Anita"	Tempoal	7,04E+05 ou 704100a	>500 CFU/g
"Yazmin"	Tantoyuca	8,76E+06 ou 8762250a	>500 CFU/g

Nota: Valores com a mesma letra não são significativamente diferentes Tukey a = 0,05.

Os resultados da tabela mostram que não há diferenças estatisticamente significativas entre os resultados em UFC/gr de bolores e leveduras das queijarias amostradas. Observa-se que o queijo grelhado da queijaria "Anita" é a amostra com menor taxa de crescimento em todos os testes efectuados em placas de Petri, como se pode verificar no Anexo 3. Evidência de UFC/gr em Caixas de Petri de Fungos e Leveduras. Sendo as amostras da queijaria "La Virgencita" e da queijaria "Rosales" as que obtiveram o maior número de crescimento, demonstrando assim que ambos os queijos ultrapassaram o limite adequado de microrganismos em queijo fresco.

Analisando o trabalho de (Inungaray & Hernandez, 2018) intitulado "Study of shelf life of grilled cheese", a quantidade de bolores e leveduras foi >500 CFU/g. No seu trabalho, são considerados dois períodos de estudo e os queijos são armazenados a três temperaturas diferentes (10, 20 e 30°C). Ao implementar outro tipo de metodologia, modificando o tempo e as condições de armazenamento do queijo, gera-se o ambiente ideal para o crescimento fúngico. Estabelece-se que, tal como na Huasteca Hidalguense, na região de San Luis Potos^ é bastante comum subestimar a importância da contagem de bolores e leveduras, pois considera-se que, ao utilizar leite não pasteurizado, é mais provável que estes microrganismos excedam o limite estabelecido na regulamentação atual.

Tabela 7.33 Comparação de coliformes fecais com NOM-121-SSA1-1994

Fábrica de queijo	Localização	MPN/g	"Estudo do prazo de validade do queijo grelhado" (Inungaray & Hernandez, 2018).	Limite admissível NOM-121-SSA1-1994
"La Virgencita" (A pequena Madona)	Ozuluama	24 NMP/gr	Queijo 1 T1 (10°C)= 2,8 NMP/gr T2 (20°c)= 2,8 NMP/gr T3 (30°c)= 4,6 NMP/gr	100 NMP/gr
"Roseiras"	Tempoal	> 110 NMP/gr	Queijo 2 T1 (10°C)= 2,0 NMP/gr T2 (20°c)= 2,8 NMP/gr	

			T3 (30°C)= 0,3 NMP/gr
"Yazmin"	Tantoyuca	0,92 NMP/gr	Queijo 3 T1 (10°C)= 1,1 NMP/gr T2 (20°C)= 2,8 NMP/gr T3 (30°C)= > 240 NMP/gr

O número de queijarias deste teste foi reduzido a três, uma vez que não se verificou a presença de microrganismos coliformes totais nos queijos grelhados das queijarias "Oly" e "Anita", pelo que foram excluídas por falta de atividade microbiana, como se pode verificar no Anexo 4. Evidência de NMP/gr em tubos de ensaio para coliformes fecais.

Na tabela pode observar-se que o queijo grelhado da queijaria "Rosales" foi o único que superou o limite estabelecido pela normativa vigente, com um resultado de >100 NMP/gr. Por outro lado, as duas queijarias restantes, "La Virgencita" e "Yazmin", apresentaram resultados admissíveis dentro do limite, marcando 24 NMP/gr e 0,92 NMP/gr, respetivamente.

Analisando o trabalho de (Inungaray & Hernandez, 2018) intitulado "Study of the shelf life of grilled cheese", ao implementar diferentes temperaturas de conservação, os resultados para coliformes fecais variaram ligeiramente, mas não excederam o limite estabelecido. Com exceção do queijo três conservado a uma temperatura de 30°C, que ultrapassou o intervalo marcado, obtendo um resultado > 240 NMP/gr.

Quadro 7.34 Comparação de *Escherichia coli* com NOM-121-SSA1-1994

Fábrica de queijo	**Localização**	**MPN/g**	**"Caracterização microbiológica de alguns queijos tipo Chihuahua produzidos em Rio Grande, Zacatecas" (Cruz, Marquez & Vaquera, 2022).**	**Limite admissível NOM-121-SSA1-1994**
"La Virgencita" (A pequena Madona)	Ozuluama	24 NMP/gr	Queijo 1 6,8 NMP/gr	<3 NMP/g ou ml
"Roseiras"	Tempoal	> 110 NMP/gr	Queijo 2 14 NMP/gr	
"Yazmin"	Tantoyuca	0,92 NMP/gr	Queijo 3 9,5 NMP/gr	

Os valores obtidos na tabela 7.31 para a determinação de *E. coli* mostram quc os queijos grelhados da queijaria "Rosales" e da queijaria "La Virgencita" voltaram a ultrapassar o limite admissível estipulado pela norma (< 3 NMP/gr).

Por outro lado, apenas a fábrica de queijo "Yazmin" obteve um resultado admissível dentro do limite, com 0,92 NMP/gr, respetivamente. O aparecimento de gás nos tubos de Durham pode ser visto no Anexo 5. Evidência de NMP/gr nos tubos de ensaio para identificação de E. coli

De acordo com o trabalho realizado por (Cruz, Marquez & Vaquera, 2022) intitulado "Caracterizacion microbiologica de algunos Quesos tipo Chihuahua elaborados en Rio Grande, Zacatecas", indicam que os três tipos de queijo se encontram fora dos limites estabelecidos, ainda que inferiores aos resultados obtidos neste projeto. Isto deve-se ao facto de a presença desta bactéria ser causada pela falta de higiene no momento da transformação e pela contaminação cruzada no manuseamento dos utensílios para cortar o queijo nos vários supermercados da região do Rio Grande.

Quadro 7.35 Comparação de *Salmonella spp* com a NOM-121-SSA1-1994

Fábrica de queijo	**Localização**	**Salmonela em 25 g**	**"Avaliação da qualidade sanitária dos queijos tropicais mexicanos de creme da região de Tonala, Chiapas" (Castillo, Ruelas, Castillo & Moreno, 2009)**	**Limite admissível NOM-121-SSA1-2010**
"A pequena virgem	Ozuluama	+	Queijo 1 Ausente	NEGATIVO
"Roseiras"	Tempoal	+	Queijo 2 Positivo	
"Yazmin"	Tantoyuca	+	Queijo 3 Ausente	

Dos três queijos amostrados, os testes indicaram positivo para salmonela nas três queijarias, mesmo quando armazenados sob refrigeração, uma vez que foi demonstrado que esta bactéria pode sobreviver a baixas temperaturas. A formação de colónias cor-de-rosa e pretas em placas de Petri é mostrada no Anexo 7. Prova de identificação e isolamento de Salmonella spp. em placas de Petri.

Num estudo realizado por (Castillo, Ruelas, Castillo & Moreno, 2009), intitulado "Avaliação da qualidade sanitária dos queijos tropicais mexicanos cremosos da região de Tonala, Chiapas", observou-se que na região de Tonala, no mês de março, as temperaturas são superiores a 37°C, o que favorece o desenvolvimento de microrganismos contaminantes. Além disso, verificou-se que a amostra 2 era positiva quando a sua Aw ultrapassava o intervalo de 0,93, o que indica que quanto maior a Aw, maior a probabilidade de resistência a esta bactéria. A presença destas bactérias nos queijos não só indica más práticas de higiene no fabrico do queijo, como também demonstra a ineficácia do processo de pasteurização.

VIII Conclusões

Através do desenvolvimento do projeto "Avaliação da qualidade sanitária do queijo grelhado comercializado no mercado municipal de Huejutla de Reyes, Hgo.", determinou-se com êxito que, de 5 amostras de queijo grelhado, pertencentes a diferentes queijarias, 100% apresentavam um elevado crescimento microbiano.

Os indicadores de qualidade sanitária com maior presença nas amostras foram as bactérias mesófilas aeróbias, os fungos e leveduras e os coliformes fecais (BCF). Os resultados relativos a coliformes fecais e *Escherichia coli* foram superiores a 110 NMP/gr, excedendo largamente as normas microbiológicas da NOM- 121-SSA1-1994.

Por outro lado, a análise estatística de Tukey não estabeleceu diferenças significativas entre as médias obtidas (a= 0,05), com exceção dos coliformes totais da queijaria "Oly" e da queijaria "Anita" que não apresentaram crescimento em nenhuma das diluições, descartando-se para a análise dos coliformes fecais, *E. coli* e salmonella spp. *coli* e *salmonella spp.* Depois de calculadas as médias dos três testes restantes, verificou-se que existem diferenças significativas entre os valores obtidos e os valores assinalados na NOM-121- SSA1-1994, ultrapassando na sua maioria o nível de contaminação.

O queijo grelhado da queijaria "Anita", apesar de ter ultrapassado os limites da norma, foi a amostra com menor taxa de crescimento em todas as análises pela técnica de UFC (coliformes totais, bactérias mesófilas aeróbias e fungos e leveduras). As amostras da queijaria "La Virgencita" e da queijaria "Rosales" obtiveram o maior número de contaminações em todas as análises, com o maior crescimento nas análises de bactérias mesófilas aeróbias, coliformes fecais e *E. coli*.

Estes resultados demonstram que, embora a maioria dos queijos analisados tenha ultrapassado o limite de microrganismos no queijo fresco, em muitos casos, mesmo que os mesmos queijos provenham do mesmo fornecedor, existem diferentes factores que afectam a qualidade sanitária do queijo fora da cadeia de produção, desde o transporte, à armazenagem e, finalmente, às condições de higiene no estabelecimento.

Comparando estes resultados com os obtidos por (Calderon, Ponce, Vidales & Arredondo, 2017) que relataram ter encontrado uma elevada carga bacteriana de mesófilos nas 5 amostras de queijo, defendem que estes são apenas indicadores da quantidade de microrganismos viáveis presentes no alimento sem serem considerados como um risco para o consumidor, dependendo muito do estado de conservação do alimento.

Na maioria dos estudos que determinaram a presença de Salmonella spp. numa amostra de 25 g, apenas se estima a presença ou ausência de Salmonella spp. mas, em todos os casos, é considerado um aviso dos riscos e danos para a saúde da pessoa infetada pela bactéria.

Estes resultados sublinham a importância de sensibilizar os diferentes vendedores de queijo da região para as consequências para a saúde da não aplicação de normas sanitárias corretas na produção e comercialização dos seus produtos em diferentes locais.

O principal risco para a saúde é o facto de os queijos poderem conservar as qualidades sensoriais esperadas pelo consumidor, mas poderem exceder os limiares microbiológicos estabelecidos para os microrganismos patogénicos de importância para a saúde.

É necessário aplicar medidas corretivas a todos os produtores de queijo, responsabilizando-os pela venda de produtos que cumpram as medidas de higiene corretas, tendo em conta toda a cadeia do processo, desde o processo de encomenda, a aplicação de um processo de pasteurização normalizado adequado de 72° C durante 15 segundos e o acondicionamento adequado do queijo em sacos que não alterem as caraterísticas físico-químicas do queijo durante o seu transporte e posterior venda.

IX Referências bibliográficas

Cajal, A. (15 de dezembro de 2022). Teste de Tukey: em que consiste, caso exemplo, exercício resolvido. Recuperado de lifeder: https://www.lifeder.com/prueba-de-tukey/

Castillo, P. A., Leyva Ruelas, G., J. G, C., & Santos-Moreno, A. (2009). *Revista Mexicana de Engenharia Química*. Avaliação da qualidade sanitária do queijo cremoso tropical mexicano da região de Tonala, Chiapas, p. 10.

Carrillo-Inungaray, M. L., & Mondragon-Hernandez, F. (2018). Estudo do prazo de validade do queijo grelhado. Recuperado de uaslp: https://respyn.uanl.mx/index.php/respyn/artitie/download/291/272/542

Federacion, D. O. (23 de fevereiro de 1996). NORMA Oficial Mexicana NOM-121-SSA1-1994, Bienes y servicios. Queijos: frescos, curados e fundidos. Especificações sanitárias. Recuperado de Diario oficial de la federacion: https://dof.gob.mx/nota detail.php?code=4872312&date=23/02/1996 #gsc.tab=0

Federacion, D. O. (10 de maio de 1995). NORMA Oficial Mexicana NOM-113-SSA1-1994, Bienes y servicios. Metodo para la cuenta de microorganismos coliformes en placa. Recuperado de Diario Oficial de la federación: http: //www.ordenj uridico. gob.mx/Documentos/Federal/wo69536.pdf

Federacion, D. O. (10 de maio de 1995). NORMA Oficial Mexicana NOM-113-SSA1-1994, Bienes y servicios. Metodo para la cuenta de microorganismos coliformes totales en placa. Recuperado de Diario Oficial de la Federacion: http: //www.ordenj uridico. gob.mx/Documentos/Federal/wo69536.pdf

Federação, D. O. (26 de junho de 2015). NORMA Oficial Mexicana NOM- 210-SSA1-2014, Produtos e serviços. Métodos de ensaio microbiológico. Determinação de microrganismos indicadores. Determinação de microrganismos patogénicos. Recuperado de Diario Oficial de la Federacion: https://dof.gob.mx/nota detail.php?code=5398468&date=26/06/2015 #gsc.tab=0

Federacion, D. O. (13 de setembro de 1995). NORMA Oficial Mexicana NOM-111-SSA1-1994, Bienes y servicios. Metodo para la cuenta de mohos y levaduras en alimentos. Recuperado de Diario Oficial de la Federacion: https://dof.gob.mx/nota detail.php?code=4881226&date=13/09/1995 #gsc.tab=0

Hernandez, G. M. (dezembro de 2002). Avaliação microbiológica do queijo Cabana. Recuperado de https://bdigital.zamorano.edu/server/api/core/bitstreams/dc6cd678- 6b9f-4432-b14e-0ce5adcdc313/content

Quiroga Calderon, E., Borrego Ponce, B., Janacua Vidales, H., & Olgurn Arredondo, H. (dezembro de 2017). *El Centauro*: Evaluacion de la calidad microbiologica del queso asadero elaborado y comercializado en Villa Ahumada, Chihuahua, México, p. 10.

Santamarina Gartia, G., M. Fresno, J., Virto, M., Amores, G., & Aranceta, J. (1 de outubro de 2020). Microbiota do queijo e sua importância funcional. Recuperado de https://www.renc.es/imagenes/auxiliar/files/RENC 2020 4 10.-RENC- D-20-0037.pdf

Sanz, M. (4 de junho de 2021). Todos os microrganismos encontrados no queijo são benéficos? Retrieved from betelgeux: https://www.betelgeux.es/blog/2021/06/04/todos-los-microorganismos- that-are-found-in-cheese-are-beneficial/#:~:text=The%20microorganisms%20m%C3%A1s%20important%20in,and%20Lactococcus%20spp

Soria, R. (fevereiro de 2020). Avaliação da qualidade microbiológica de queijo fresco e adobera, da região de Tierra Caliente, no estado de Michoacan. Recuperado de: http://bibliotecavirtual.dgb.umich.mx:8083/xmlui/bitstream/handle/DGBUMICH/2035/FQFB-R-M-2020-0245.pdf?sequence=1&isAllowed=y

Tot Formatge (19 de outubro de 2022). Queijo: classificações. Recuperado de: https://totformatge.com/es/formatgepedia/el-queso- clasificaciones/#:~:text=4-,Por%20la%20textura%20o%20por%20la%20consistencia%20de%20la%20pasta,m%C3%A1s%20del%2067%25%20de%20humedad

X Anexos

Anexo 1. Evidência de CFU/gr em placas de Petri de mesófilos aeróbios
Resultados da queijaria "La Virgencita"/Ozuluama

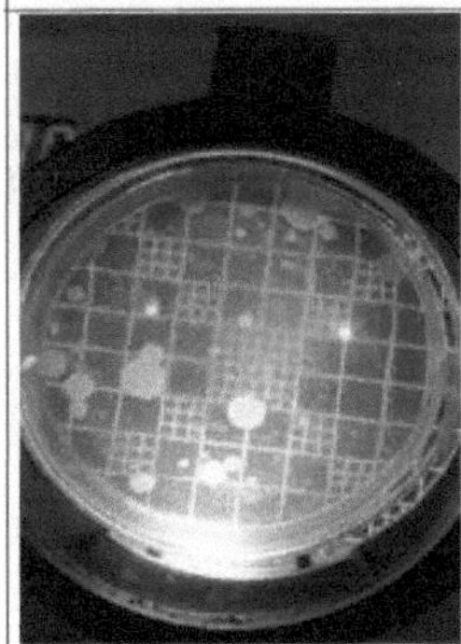

10^1

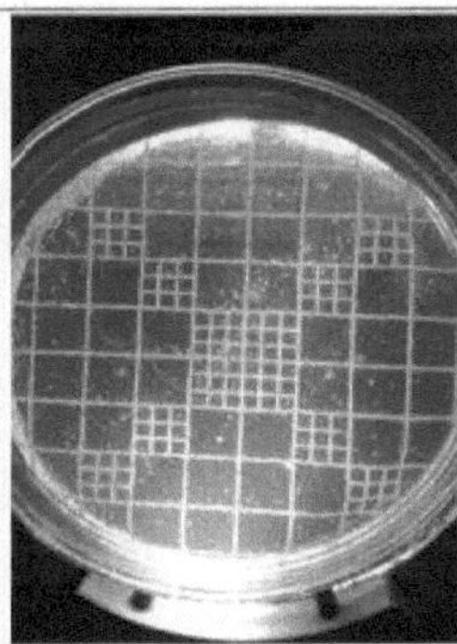

10^2

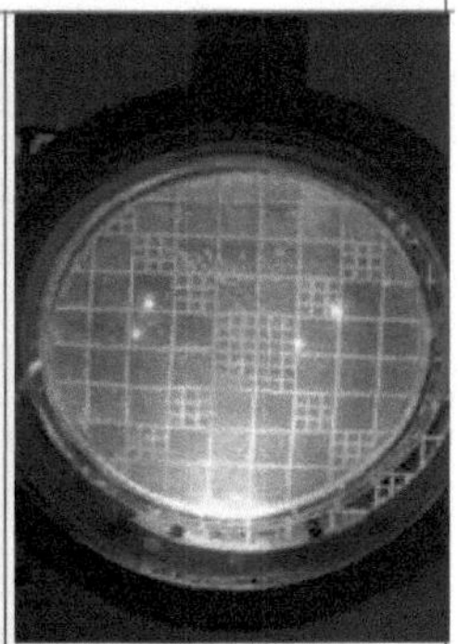

10^3

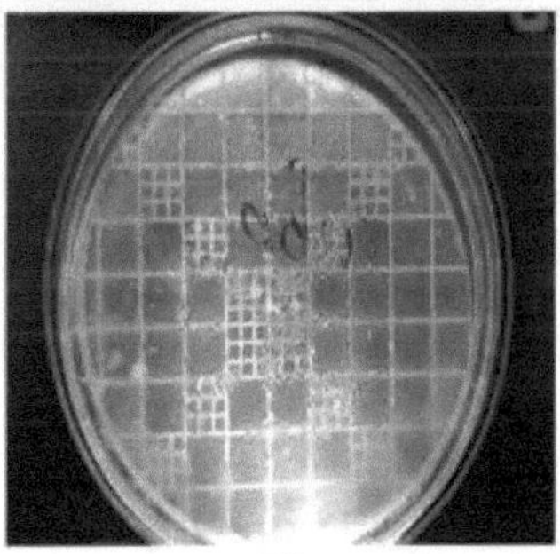

10^4

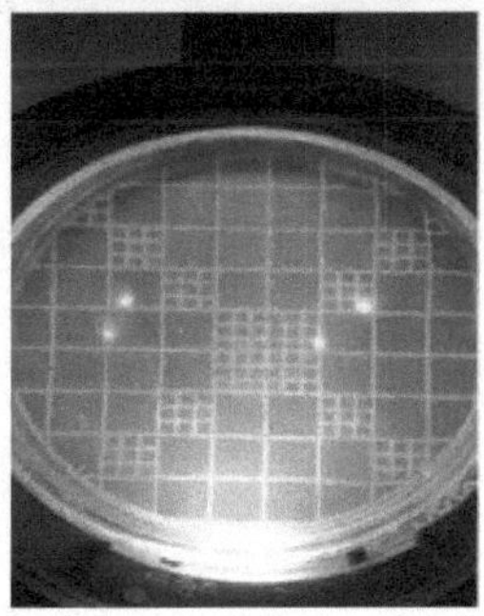

10^5

Resultados da queijaria "Oly"/Ozuluama

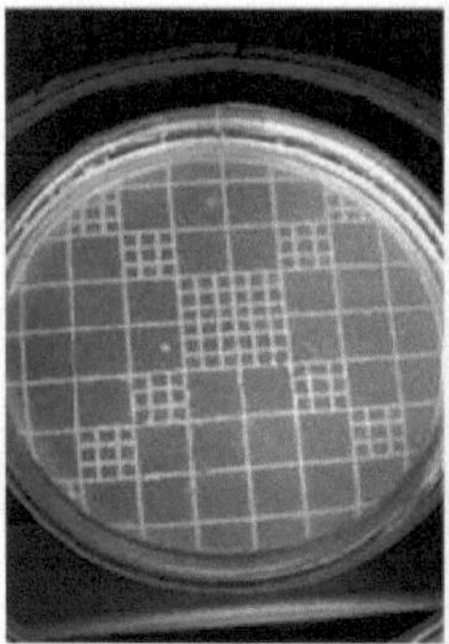

10^1

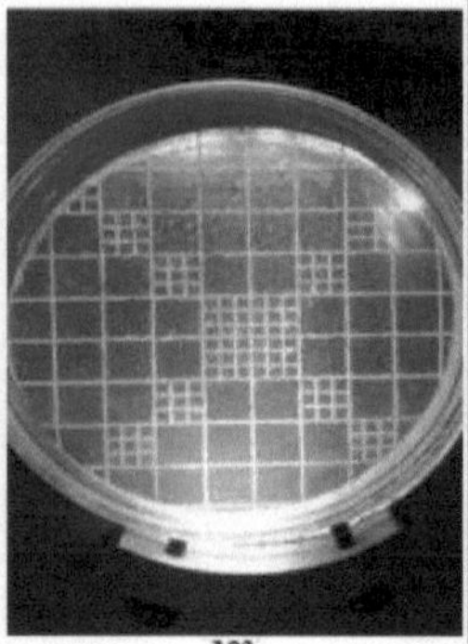

10^2

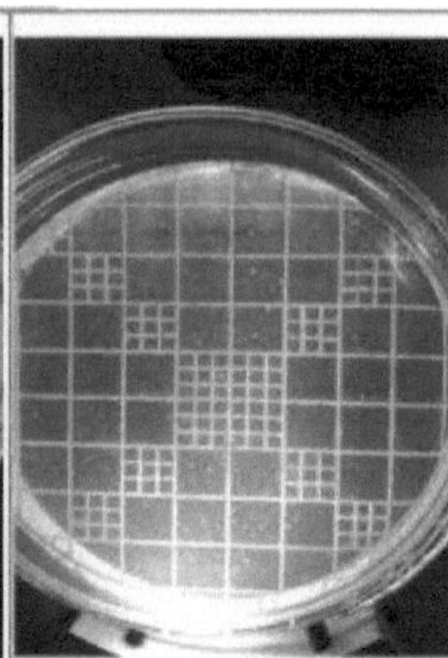

10^3

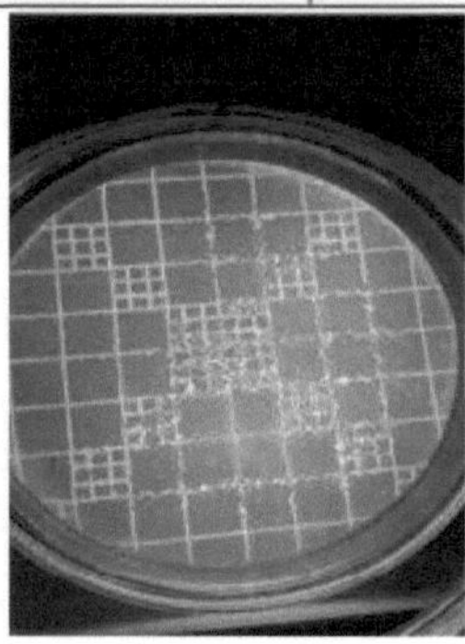

10^4

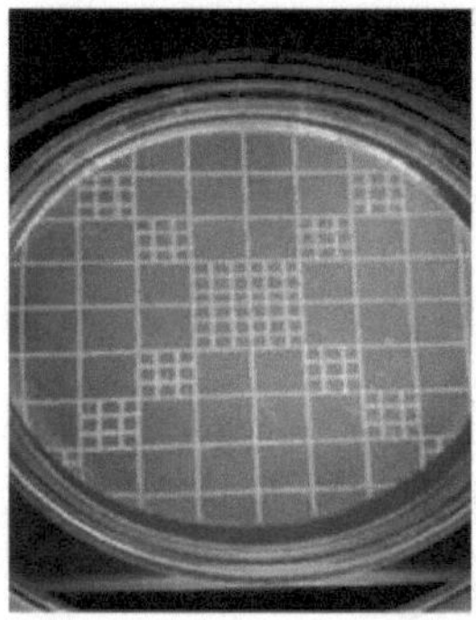

10^5

Resultados da fábrica de queijo "Yazmin"/Tantoyuca

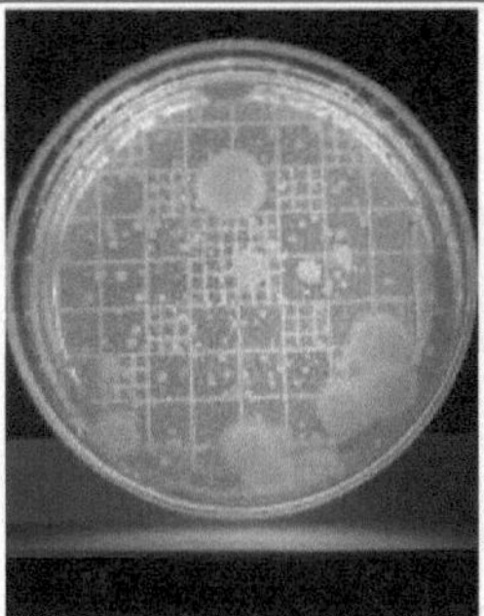

10^1

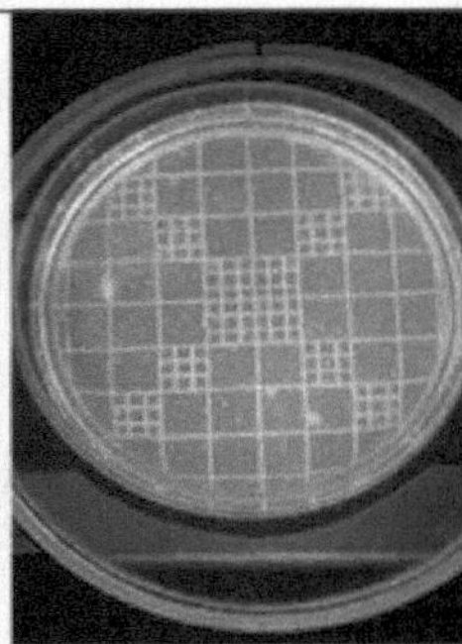

10^2

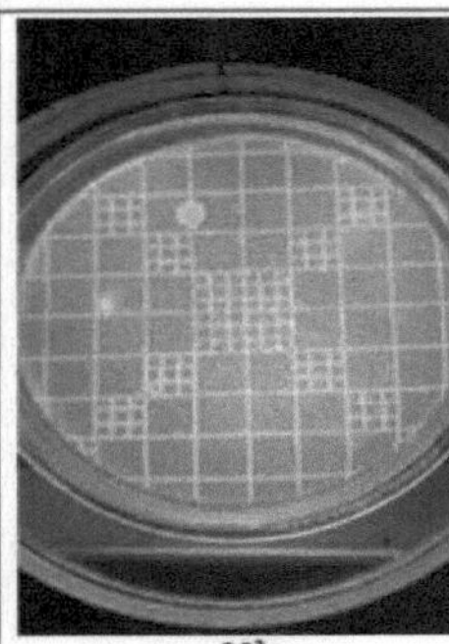

10^3

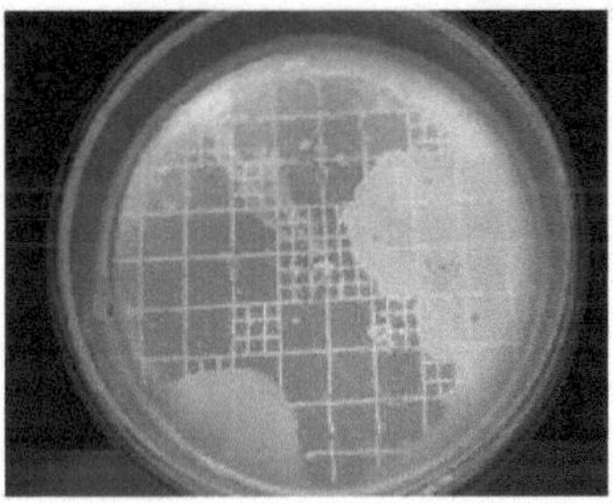

10^4

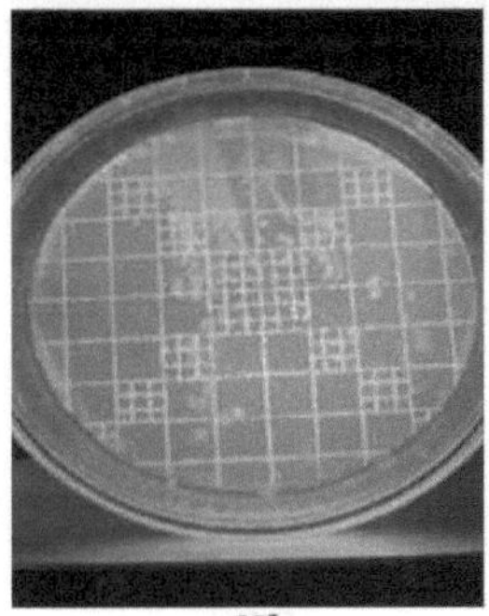

10^5

Resultados da queijaria "Rosales"/Tempoal

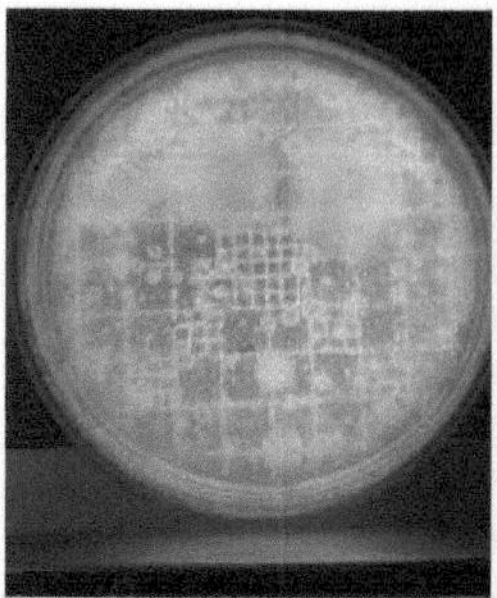 10^1	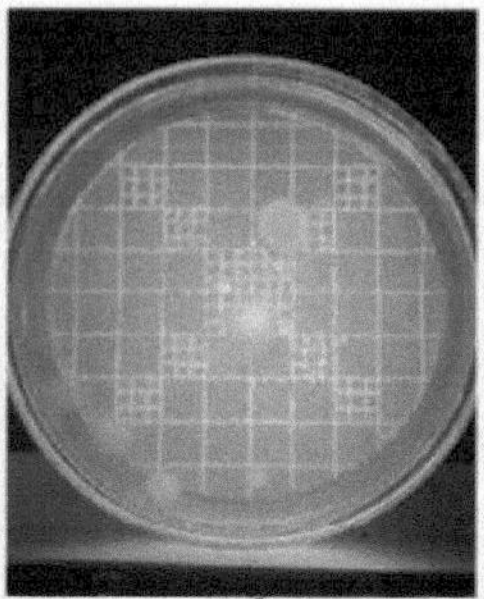 10^2	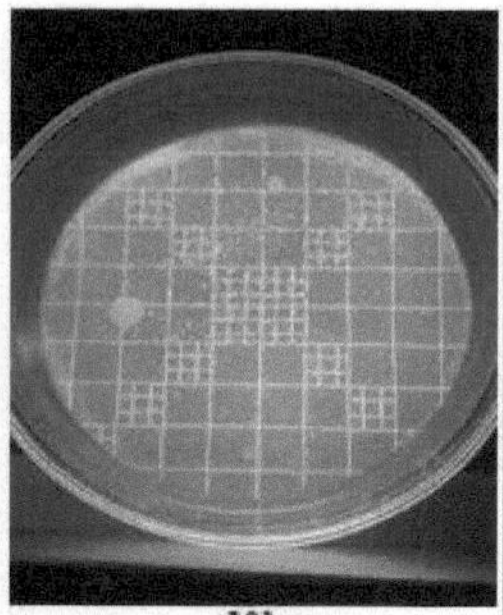 10^3
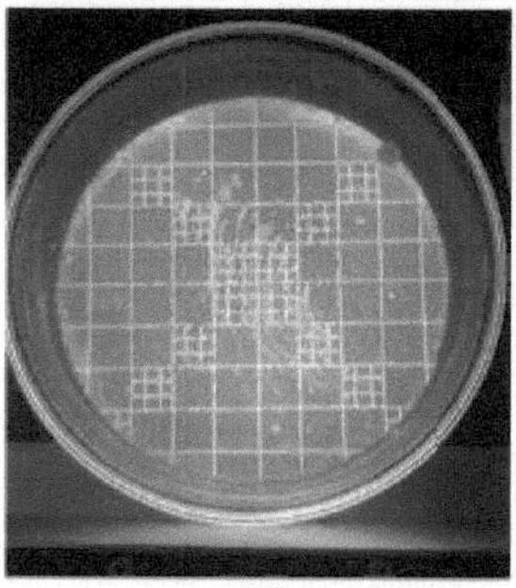 10^4	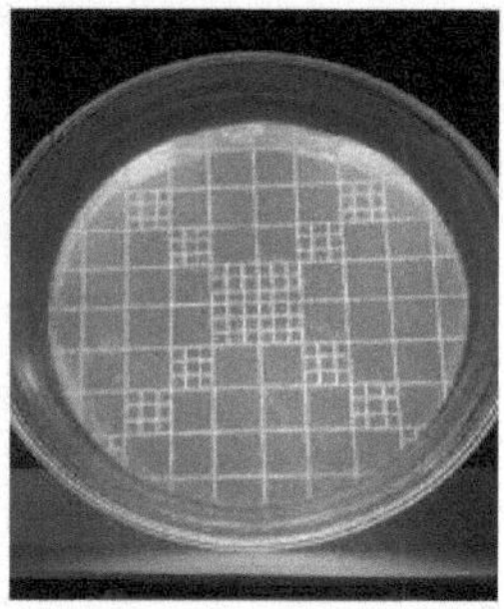 10^5	

Resultados da queijaria "Anita"/Tempoal

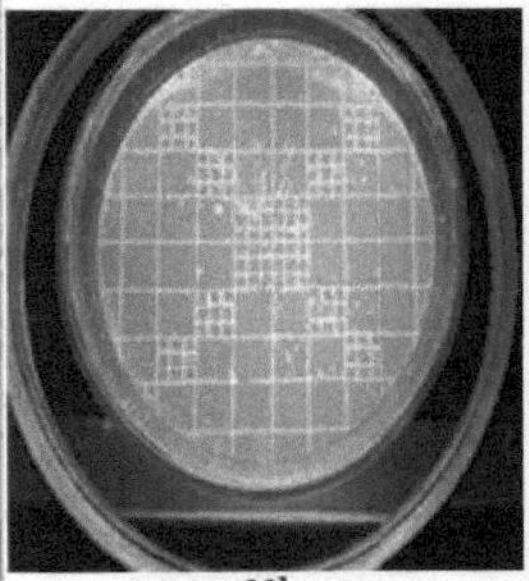

10^1

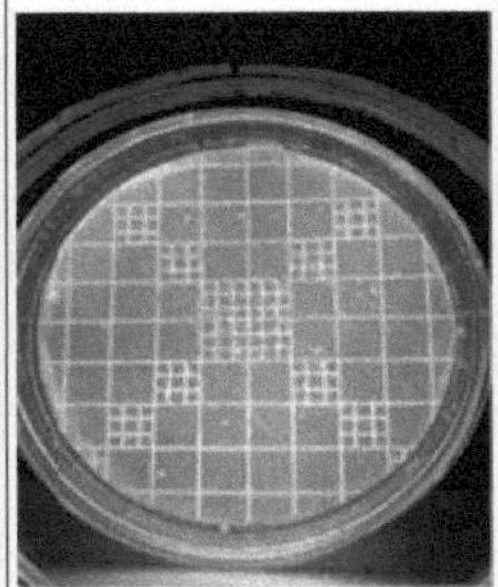

10^2

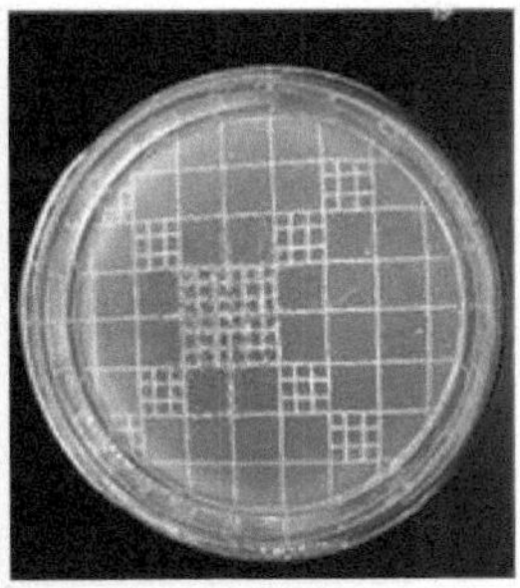

10^3

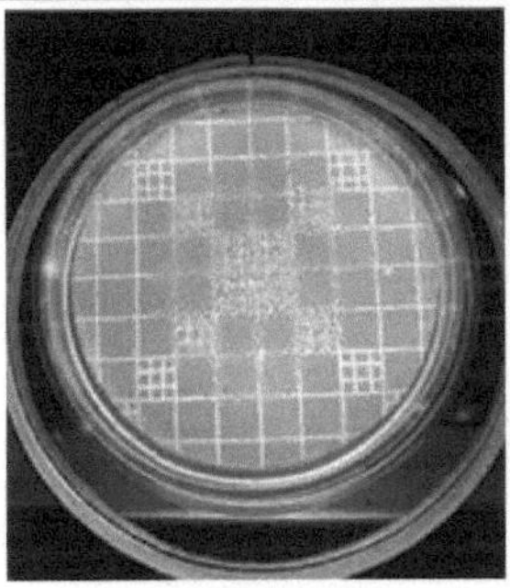

10^4

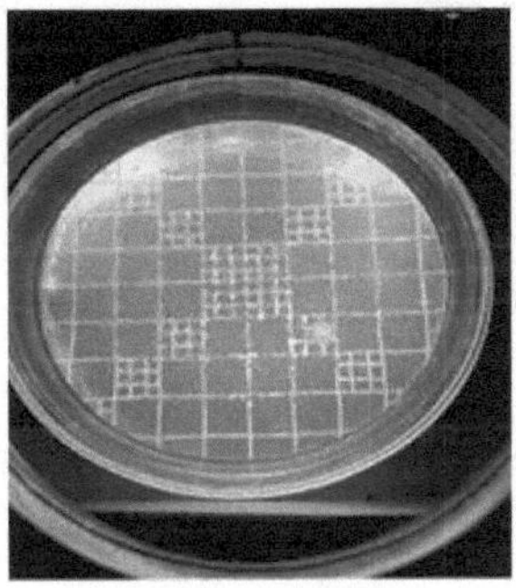

10^5

Anexo 2. Evidência de CFU/gr em placas de Petri de coliformes totais Resultados da queijaria "La Virgencita"/Ozuluama

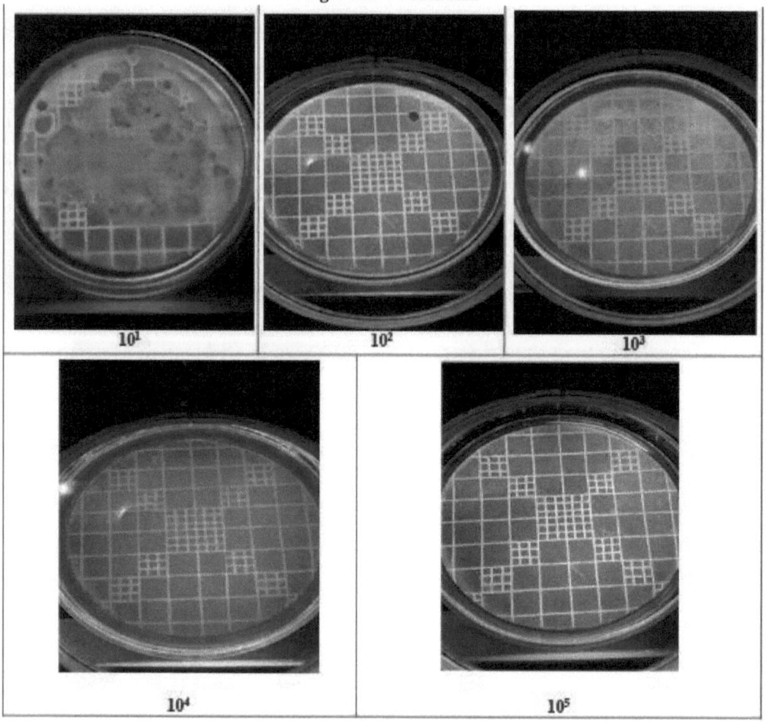

Resultados da queijaria "Oly"/Ozuluama

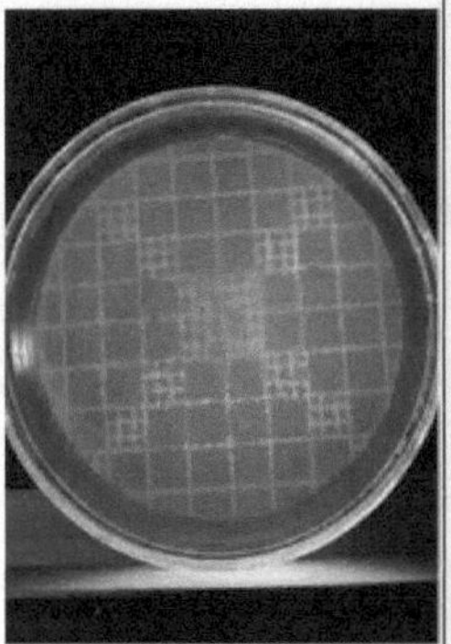

10^1

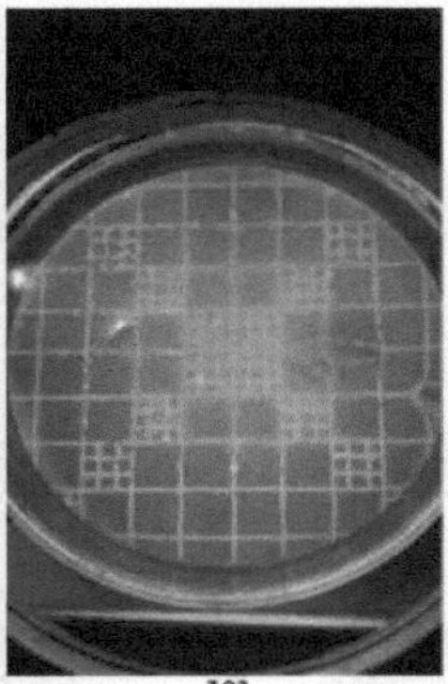

10^2

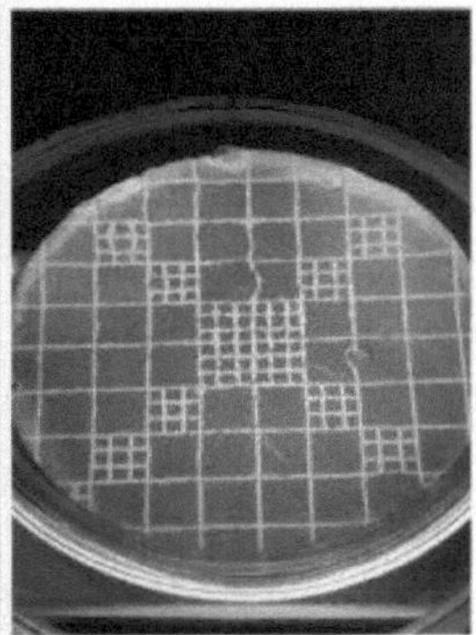

10^3

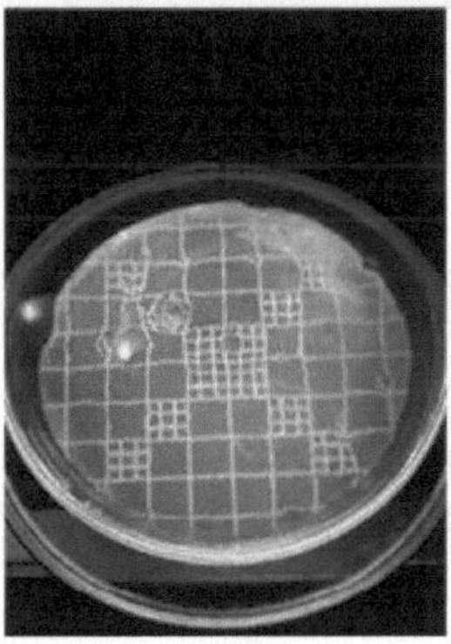

10^4

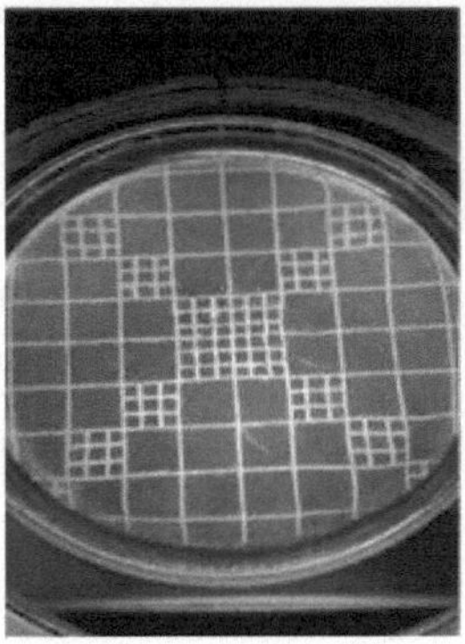

10^5

Resultados da fábrica de queijo "Yazmin"/Tantoyuca

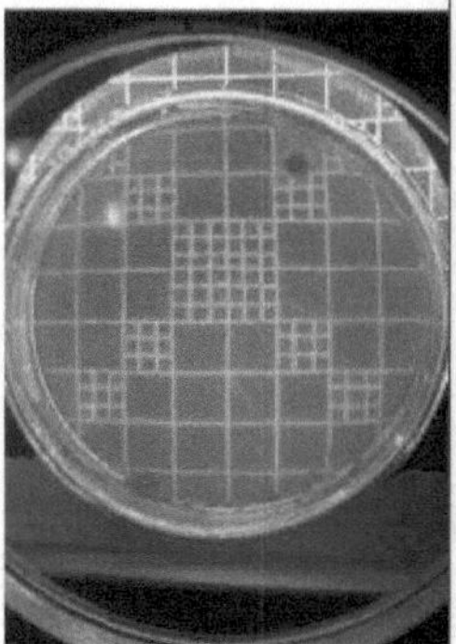

10^1

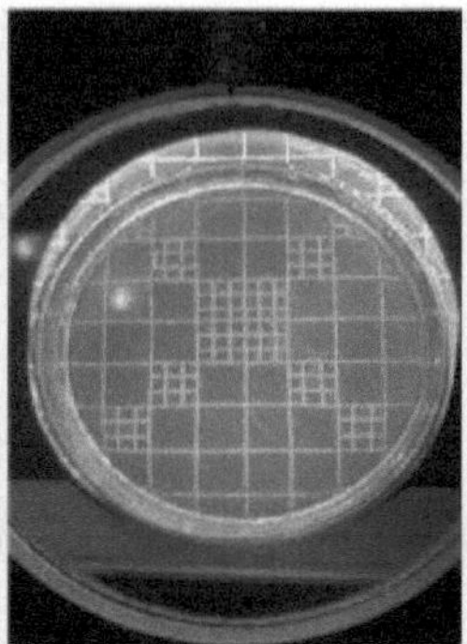

10^2

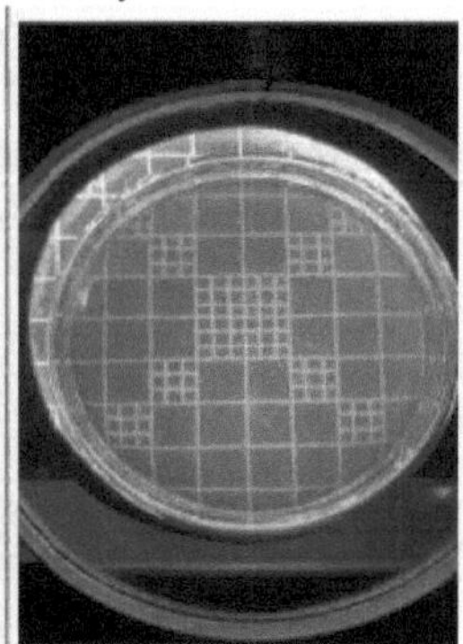

10^3

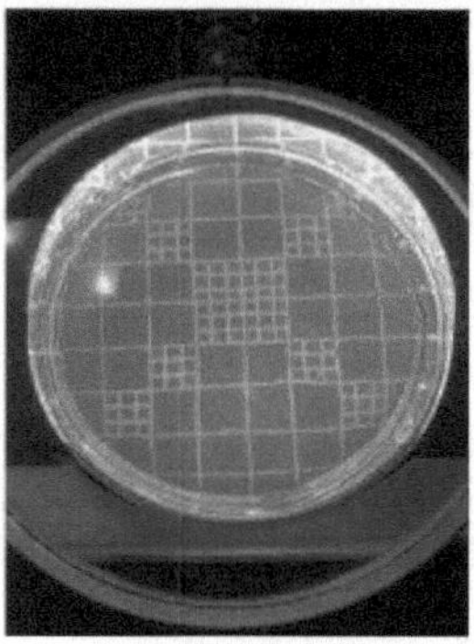

10^4

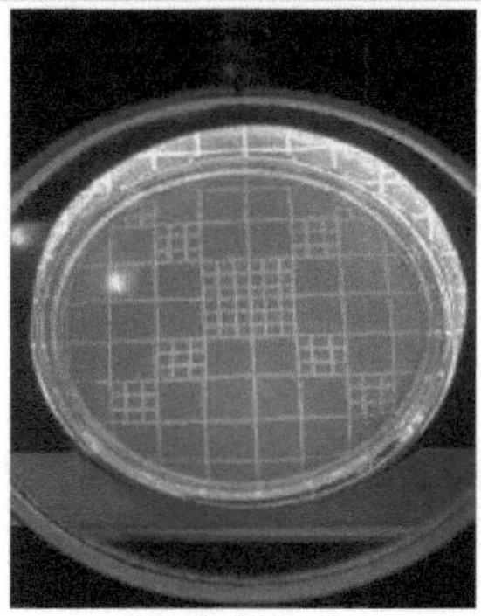

10^5

Resultados da queijaria "Rosales"/Tempoal

10^1

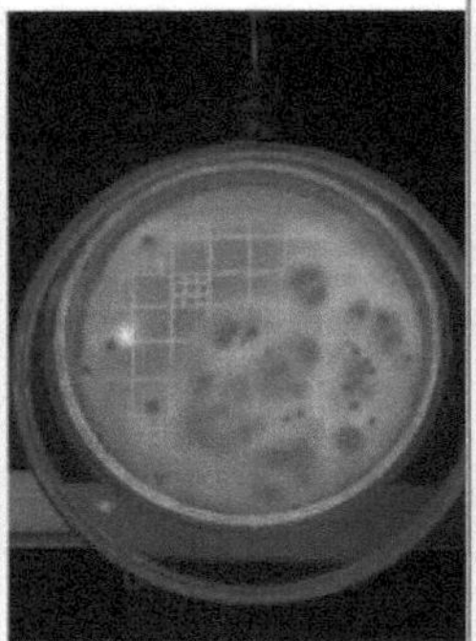

10^2

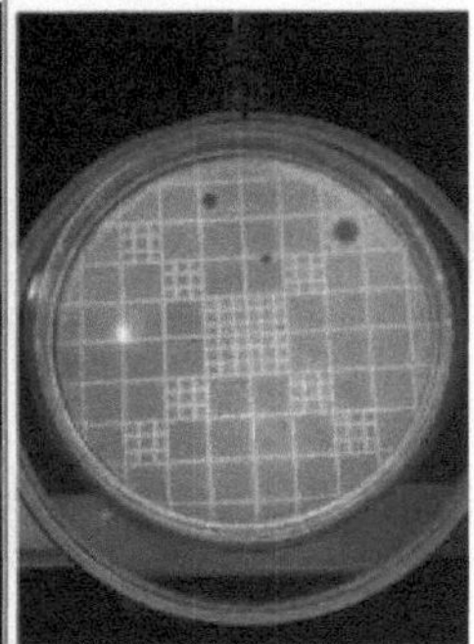

10^3

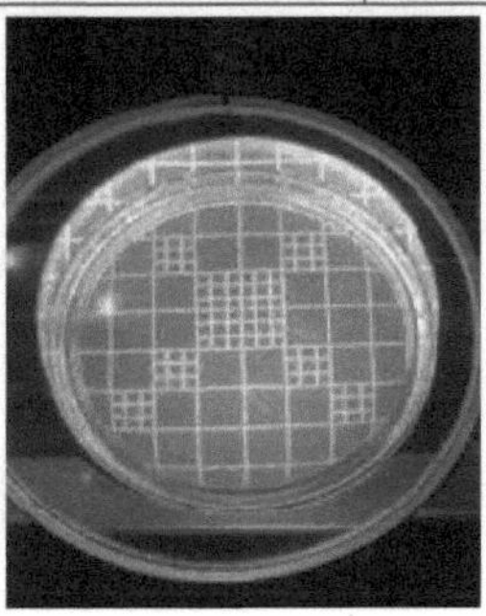

10^4

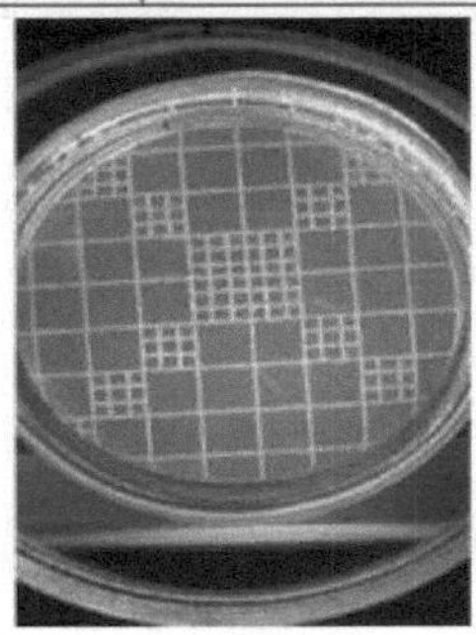

10^5

Resultados da queijaria "Anita"/Tempoal

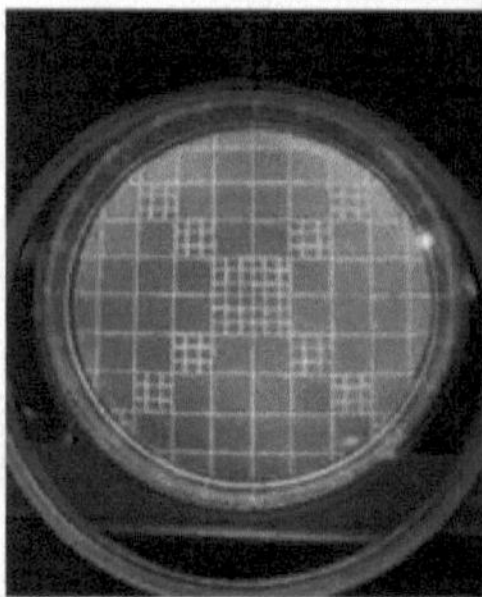

10^1

10^2

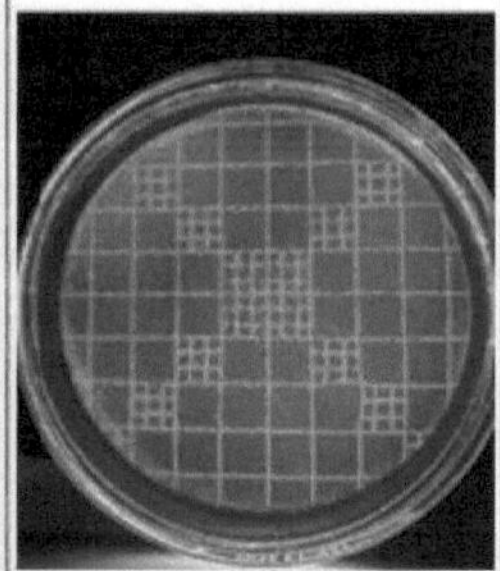

10^3

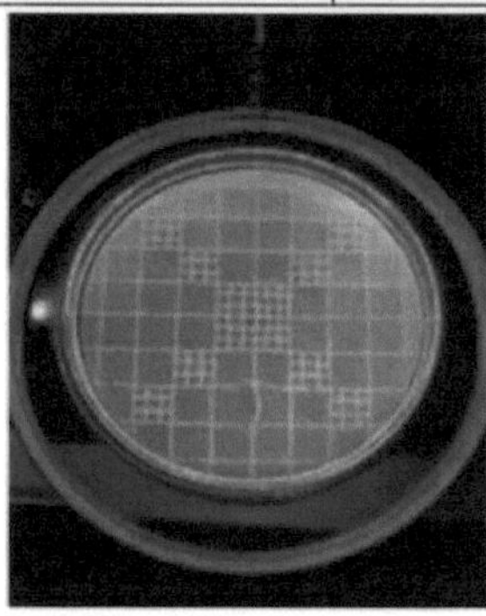

10^4

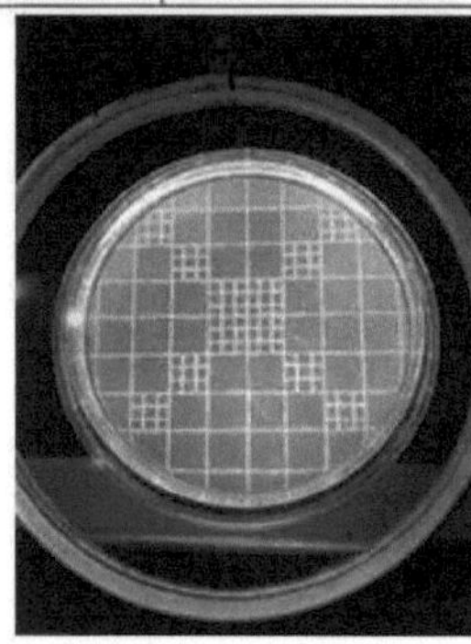

10^5

Anexo 3. Evidência de CFU/gr em placas de Petri de fungos e leveduras
Resultados da queijaria "La Virgencita"/ Ozuluama

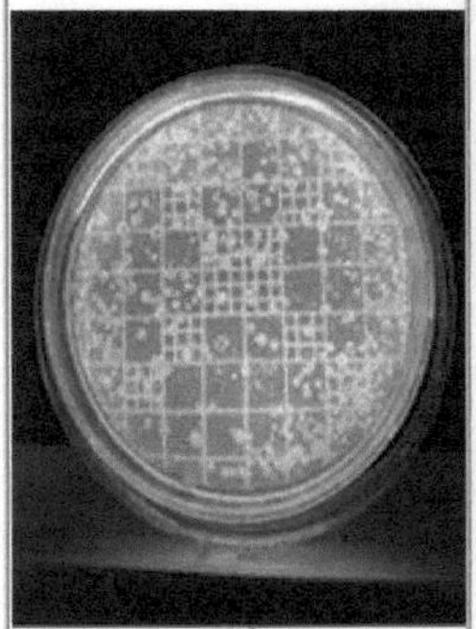

10^1

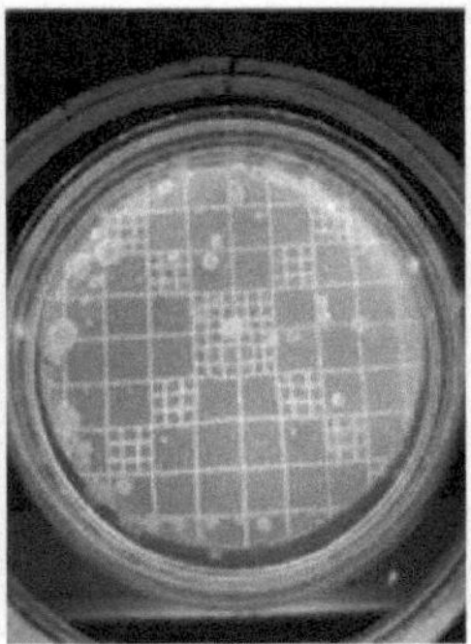

10^2

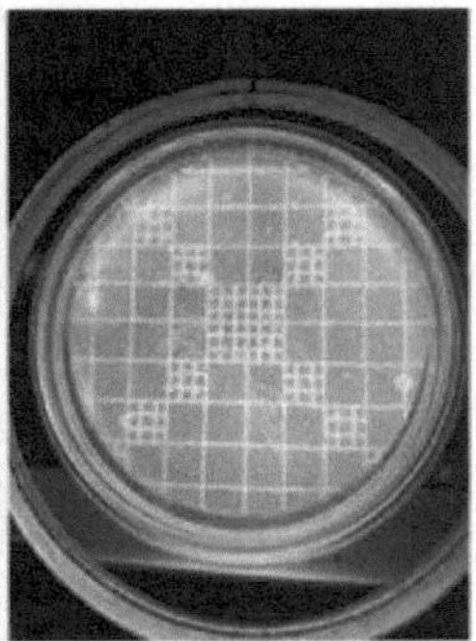

10^3

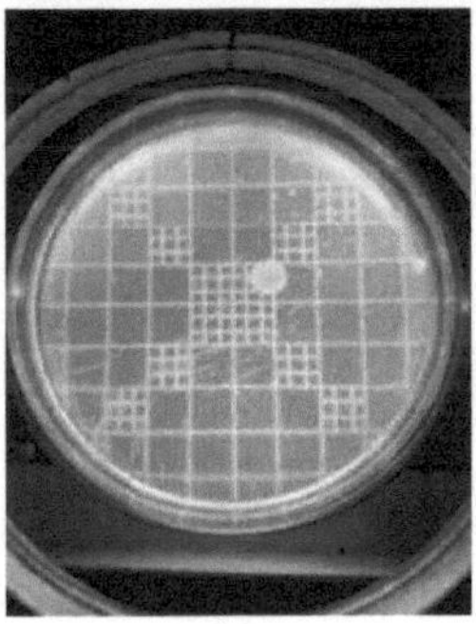

10^4

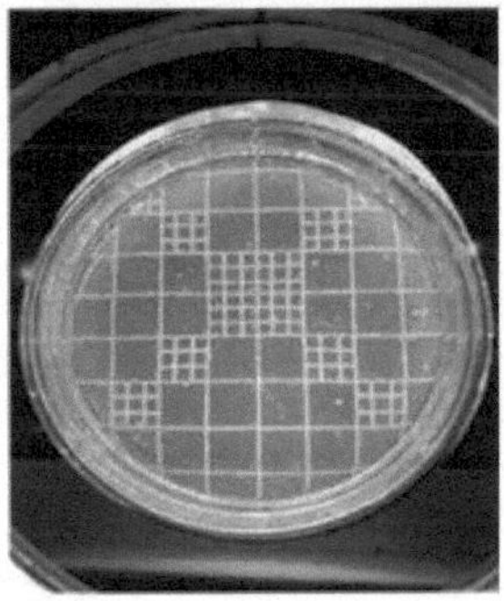

10^5

Resultados da queijaria "Oly"/Uzuluama

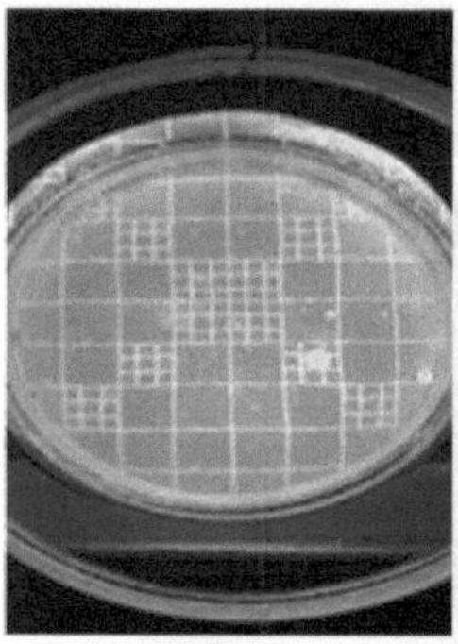

10^1

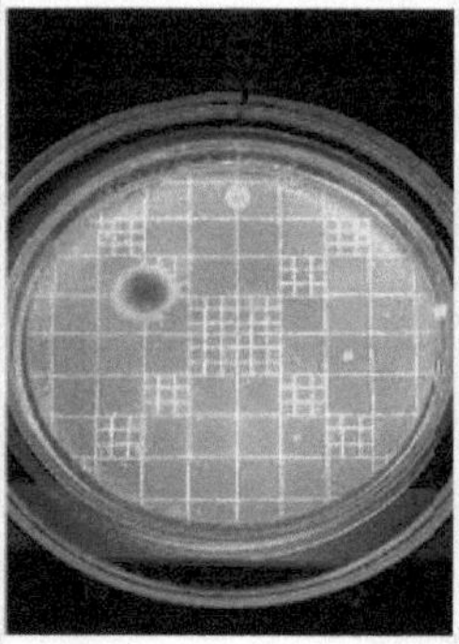

10^2

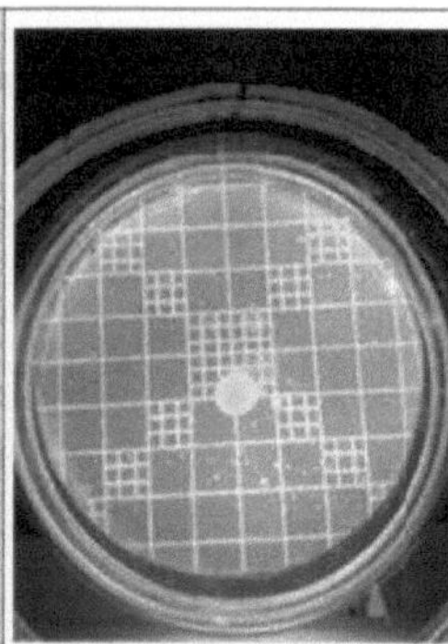

10^3

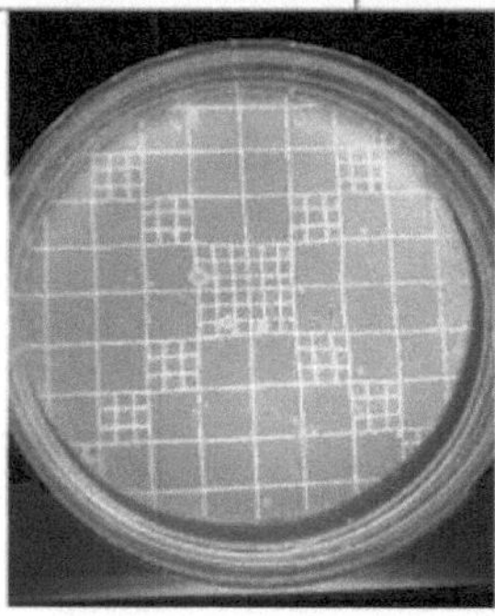

10^4

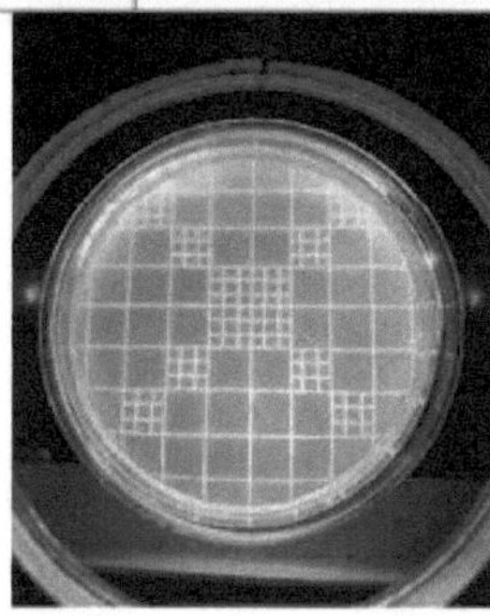

10^5

Resultados da fábrica de queijo "Yazmin" / Tantoyuca

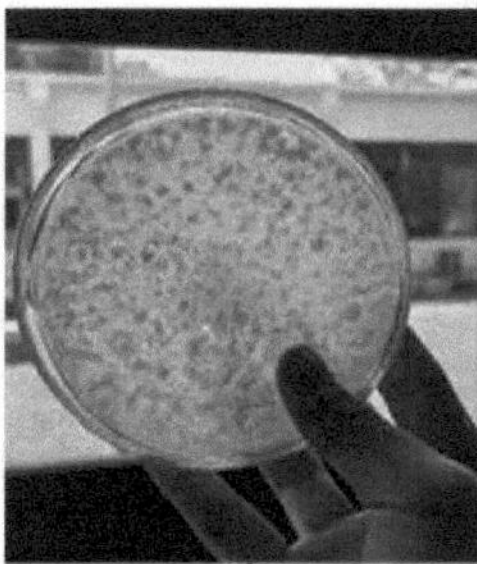

10^1

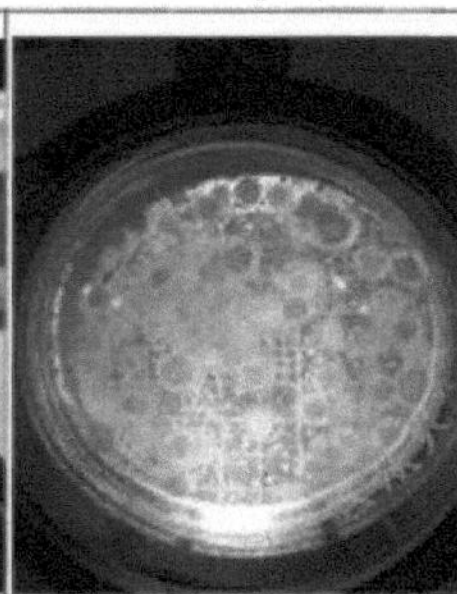

10^2

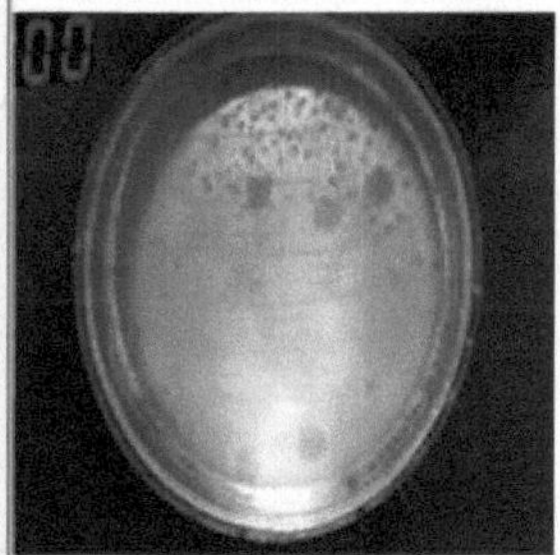

10^3

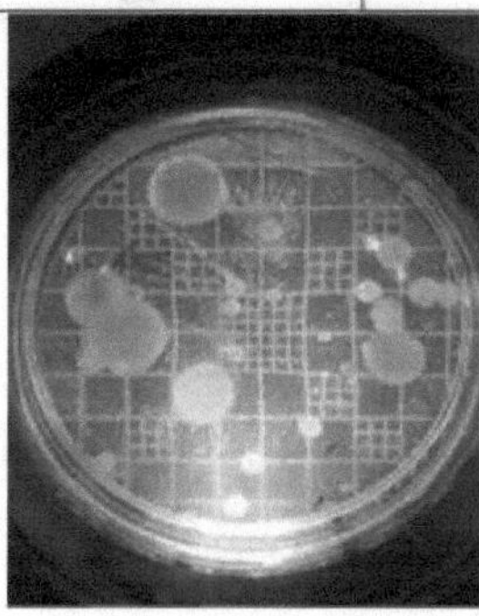

10^4

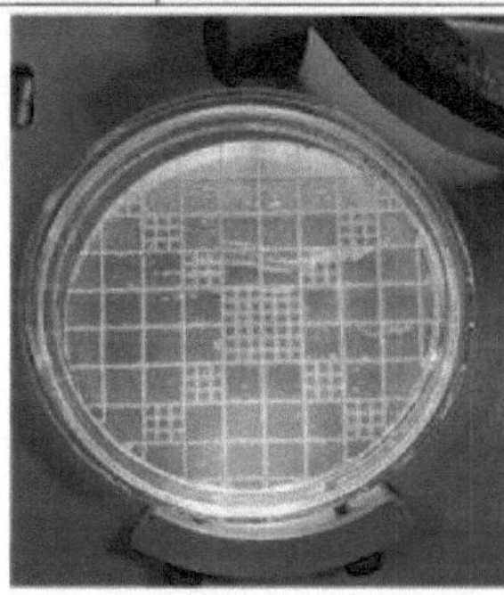

10^5

Resultados da queijaria "Rosales"/Tempoal

10^1

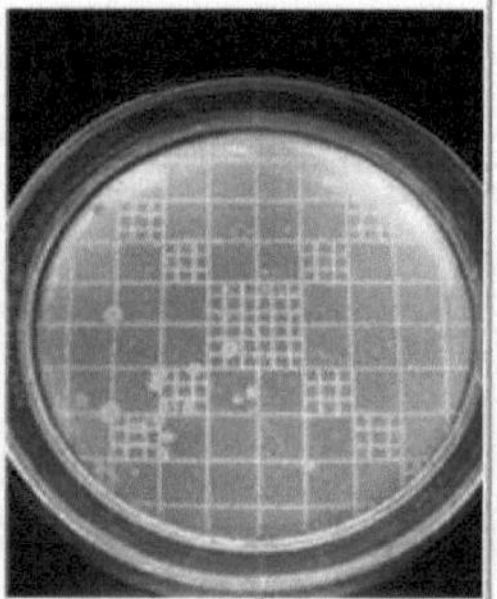

10^2

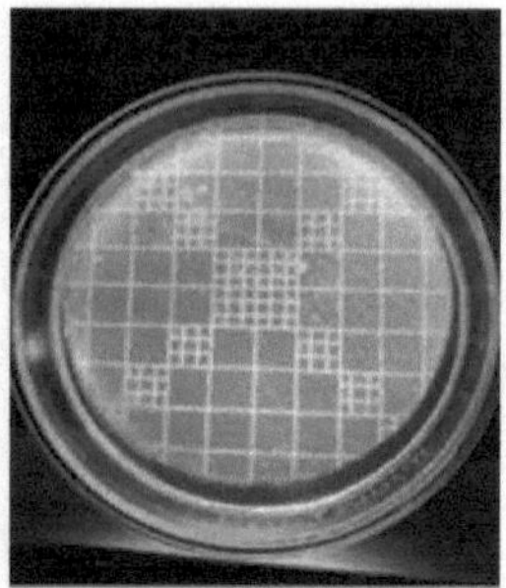

10^3

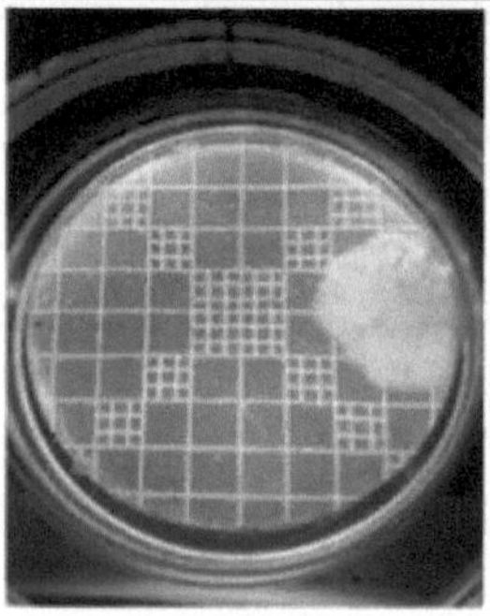

10^4

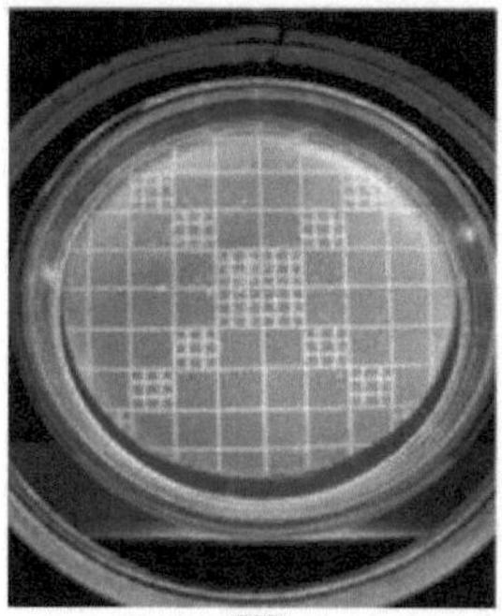

10^5

Resultados da queijaria "Anita"/Tempoal

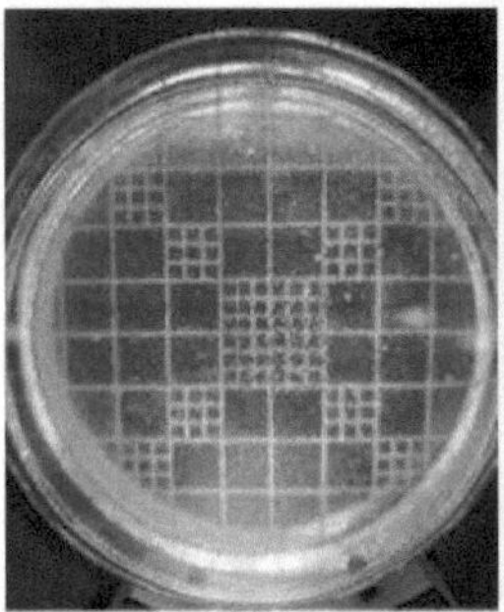

10^1

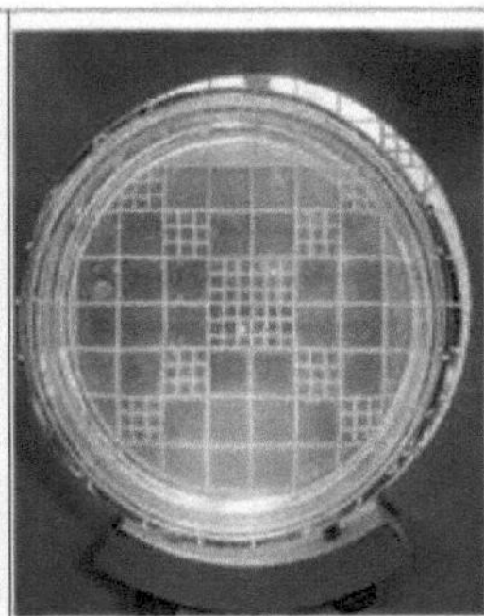

10^2

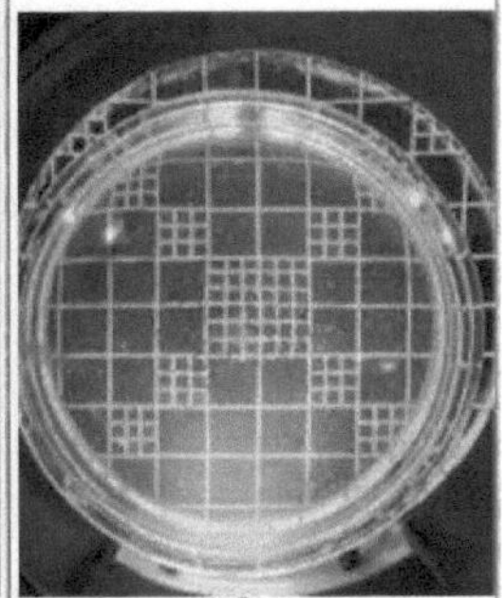

10^3

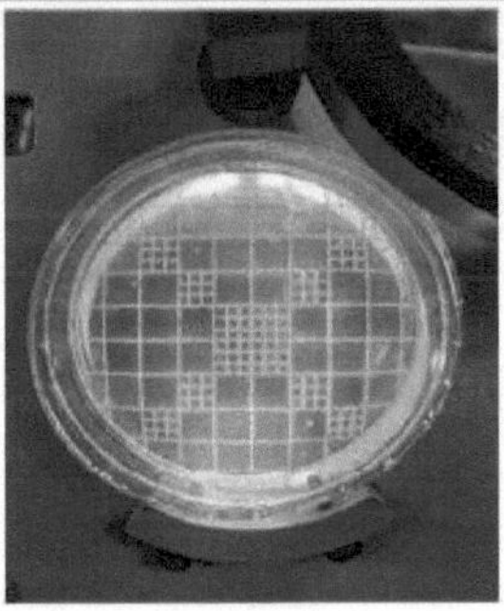

10^4

10^5

Anexo 4. Prova de NMP/gr em tubos de ensaio para coliformes fecais Prova de confirmação em caldo verde-brilhante Quesería "Rosales"/Tempoal

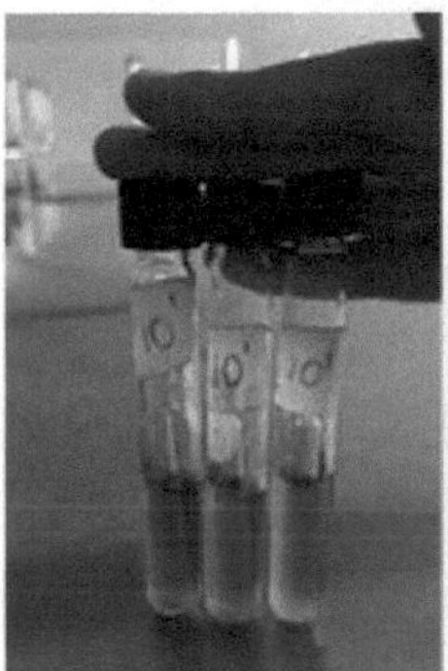

10^1

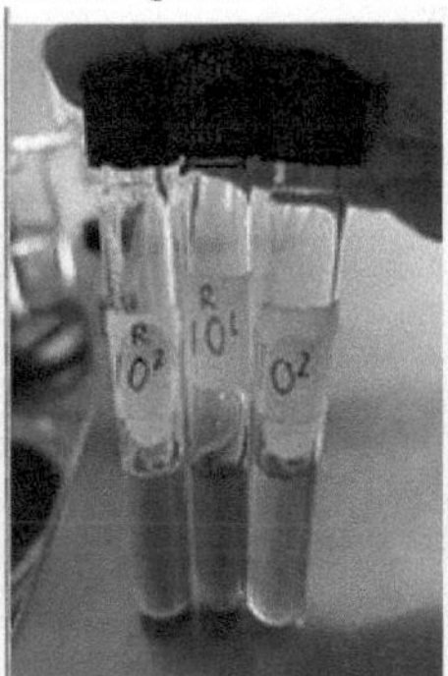

10^2

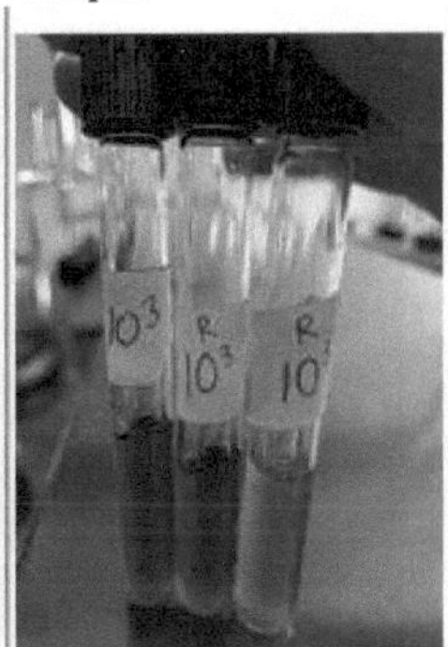

10^3

Teste de confirmação em caldo verde-brilhante Quesería "Yazmin"/Tantoyuca

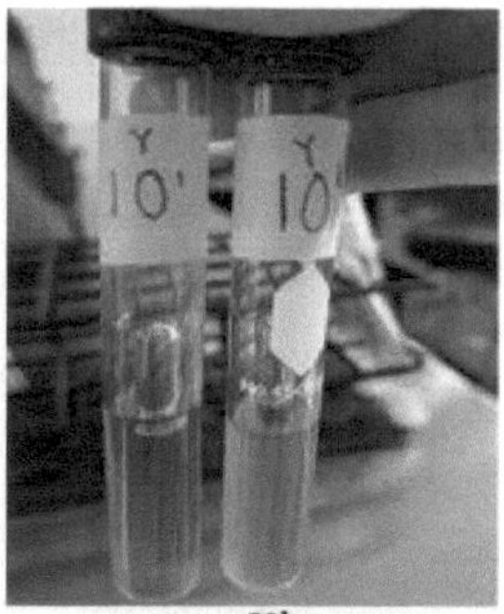

10^1

Teste de confirmação em caldo verde-brilhante biliar Quesería "La Virgencita"/Ozuluama

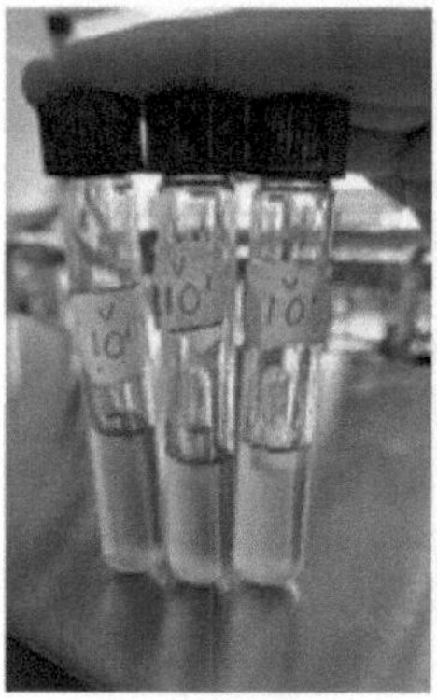

10^1

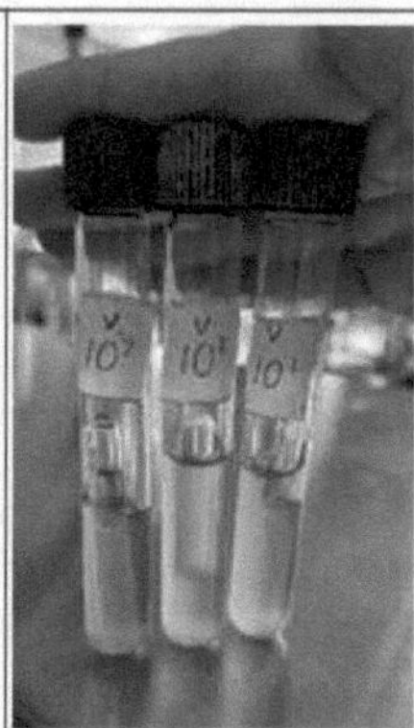

10^2

10^3

Anexo 5. Prova de NMP/gr em tubos de ensaio para a identificação de *E. coli*

Teste presuntivo em Caldo Ec com MUG Quesería "Rosales"/ Tempoal

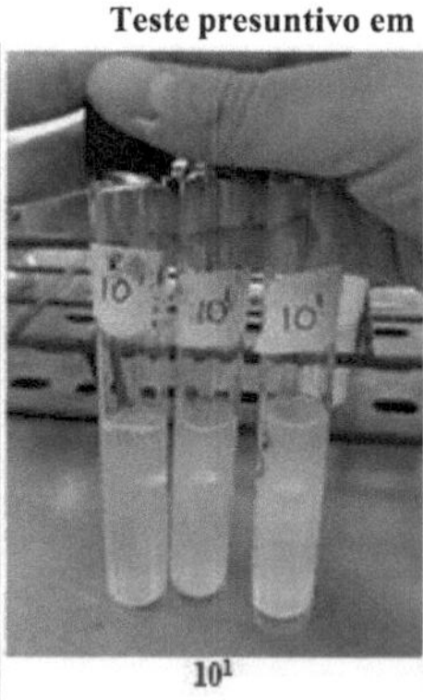

10^1

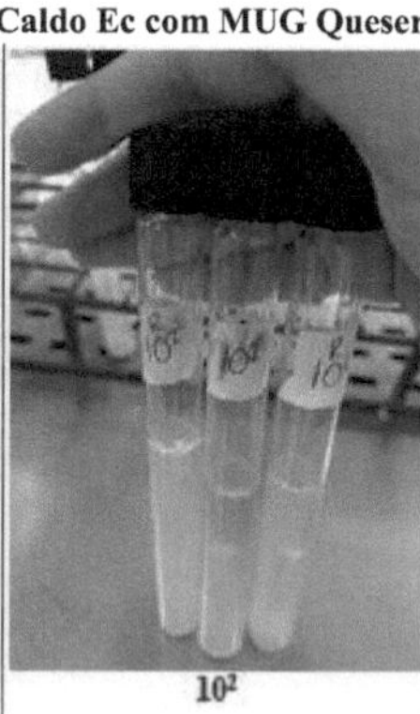

10^2

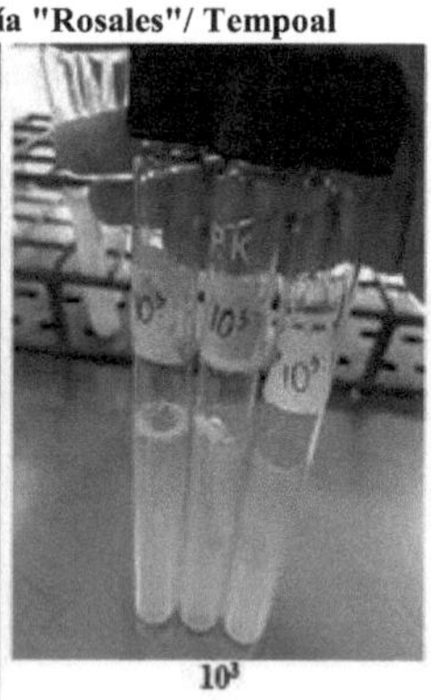

10^3

Teste presuntivo em Caldo Ec com MUG Quesería "Yazmin"/Tantoyuca

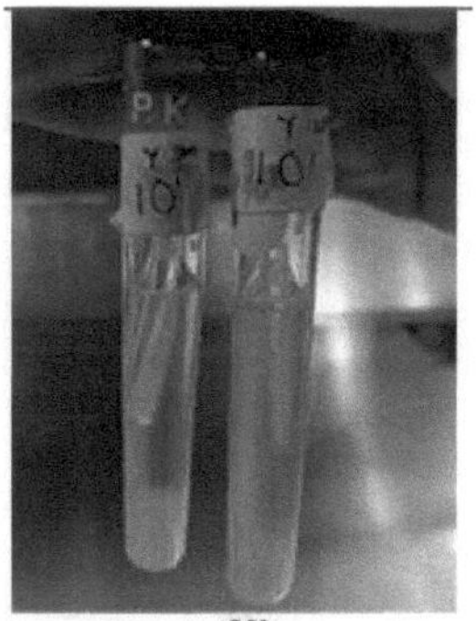

10^1

Teste presuntivo em Caldo Ec com MUG Quesería "La Virgencita"/ Ozuluama

10^1

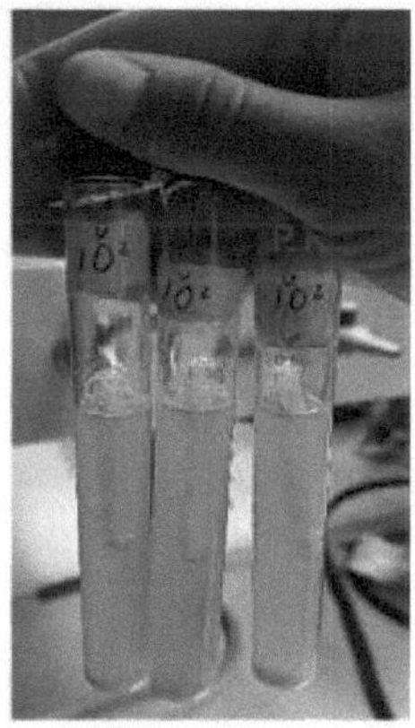

10^2

Anexo 6. Provas de identificação e isolamento de *E. coli* em placas de Petri Teste de confirmação em ágar MacConkey Queijaria "Rosales"/ Tempoal

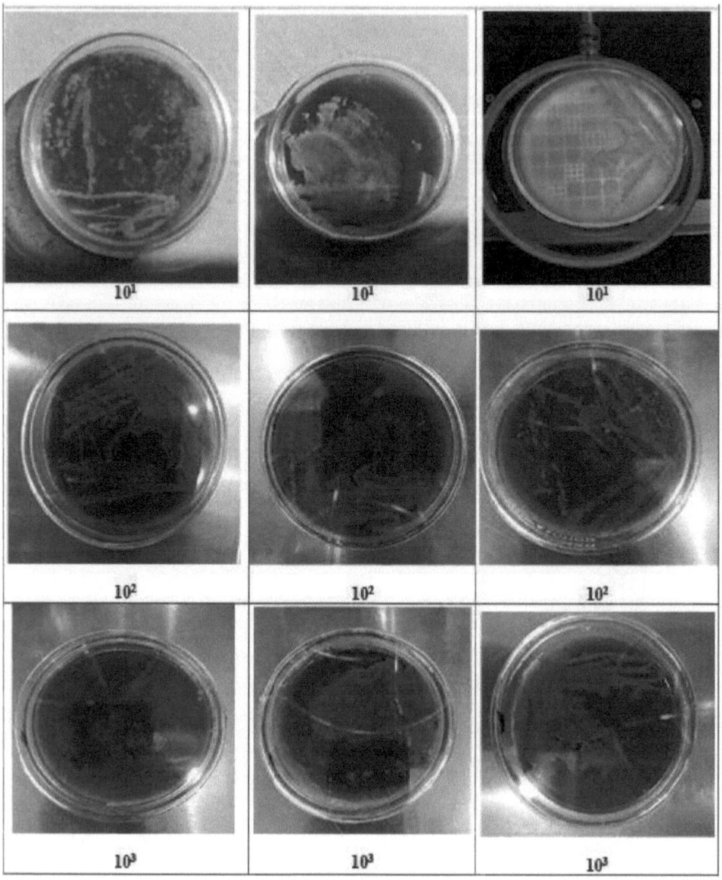
10^1
10^1
10^1
10^2
10^2
10^2
10^3
10^3
10^3

Teste de confirmação em ágar MacConkey Fábrica de queijo "Yazmin"/Tantoyuca

10^1	10^1

Teste de confirmação em ágar MacConkey Fábrica de Queijo "La Virgencita" / Ozuluama

10^1	10^1	10^1

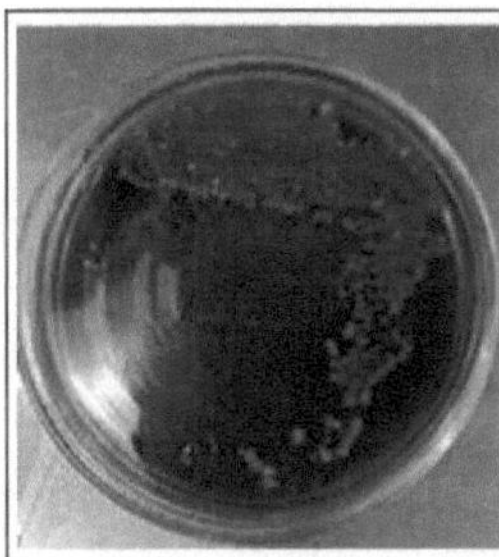		
10^2	10^2	10^2

Anexo 7. Provas de identificação e isolamento de *Salmonella spp.* em placas de Petri Quesería "Rosales"/ Tempoal

1ª sementeira em ágar Salmonella-Shigella de caldo de tetrationato e caldo à base de selenito-cistina

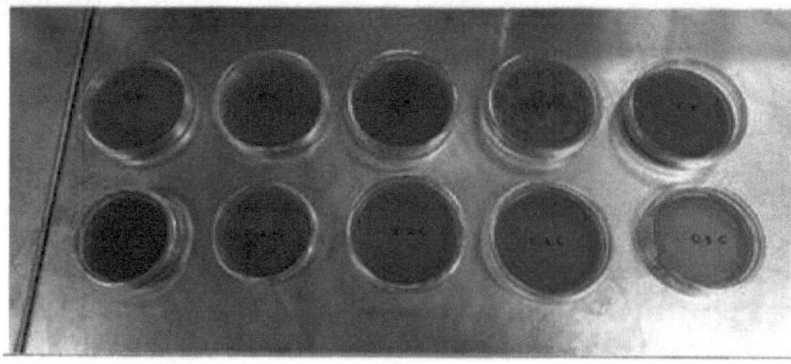

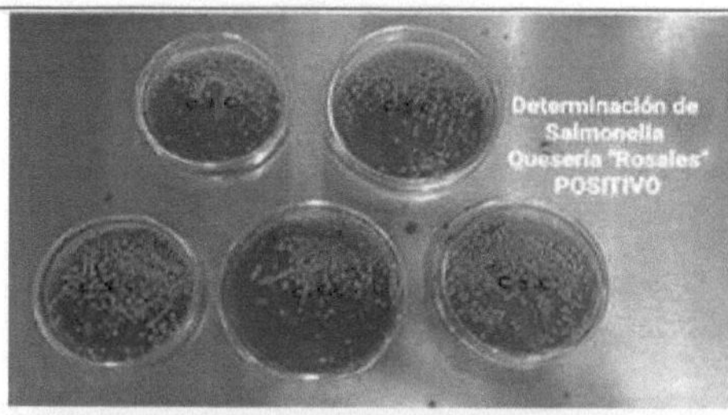

2ª sementeira em ágar Salmonella-Shigella de caldo de base selenito-cistina (Positivo)

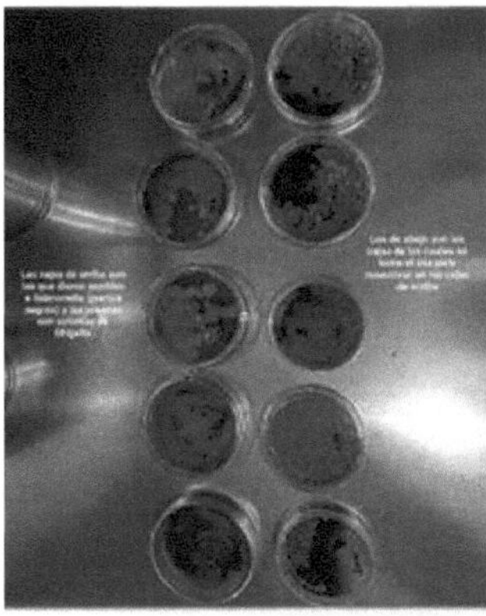

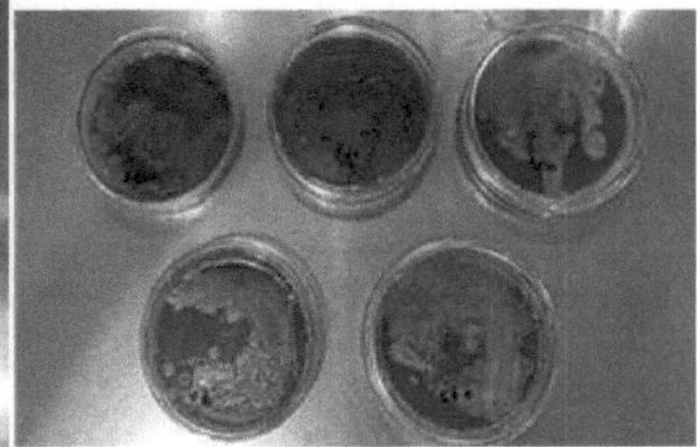

Fábrica de queijo "Yazmin"/Tantoyuca

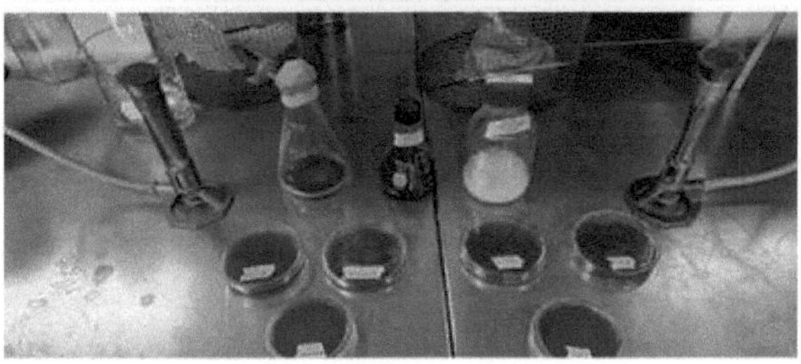

Primeira sementeira em ágar Salmonella-Shigella de base de caldo de tetrationato e caldo de selenito-cistina

Segunda sementeira em ágar Salmonella-Shigella de caldo de tetrationato (Positivo)

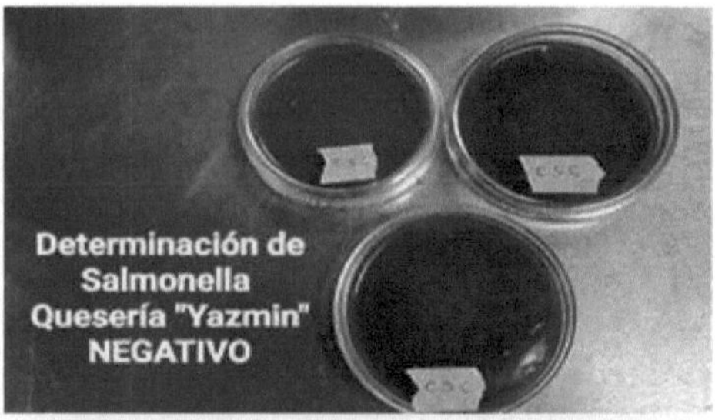
Determinación de
Salmonella
Quesería "Yazmin"
NEGATIVO

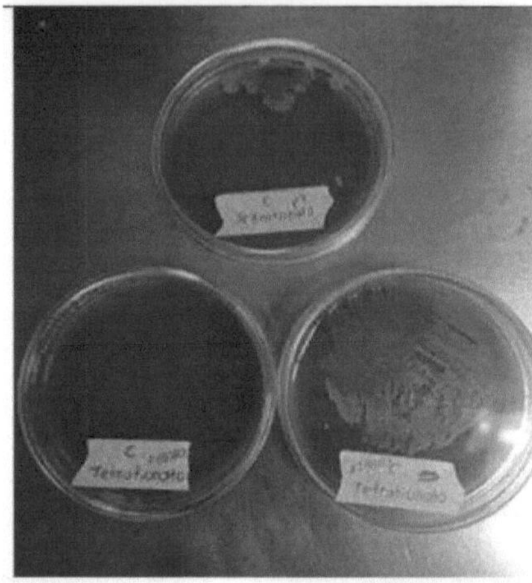

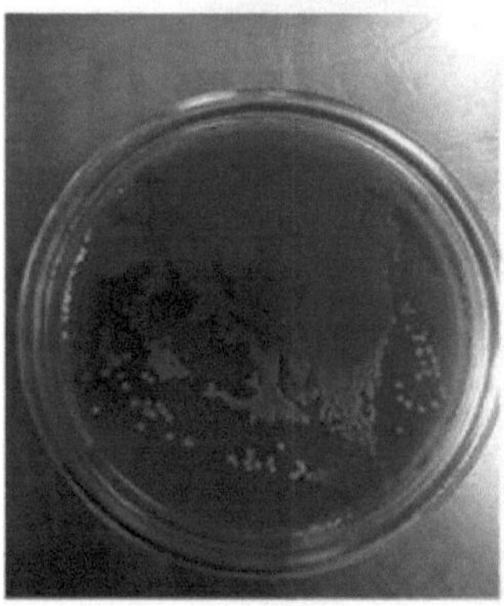

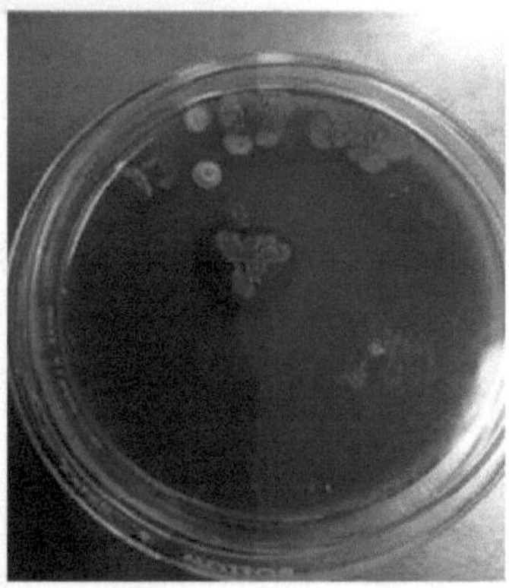

Fábrica de queijo "La Virgencita"/ Ozuluama

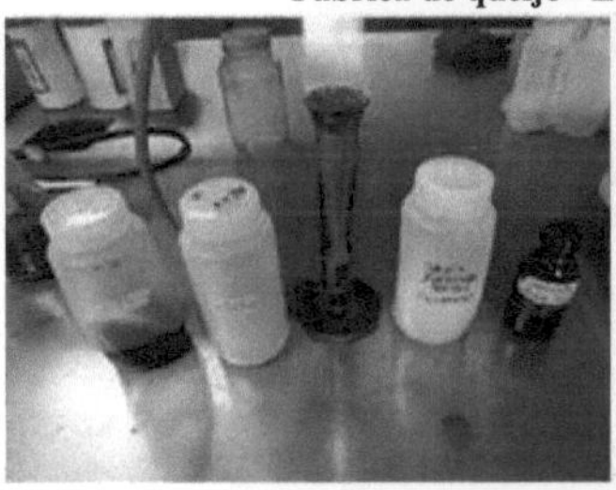

Primeira sementeira em ágar Salmonella-Shigella de base de caldo de tetrationato e caldo de selenito-cistina

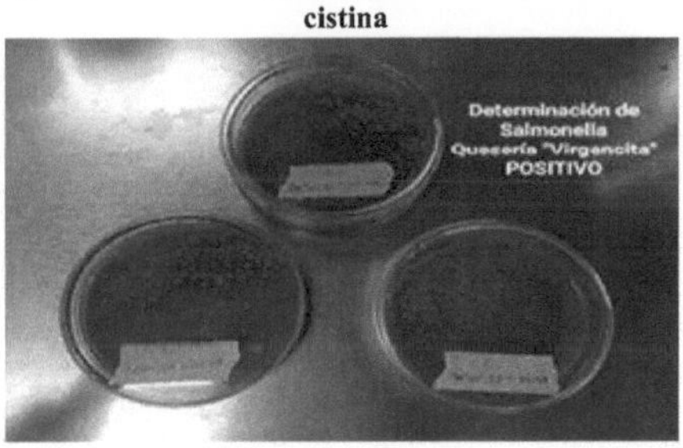

Segunda sementeira em ágar Salmonella-Shigella de caldo de selenito-cistina (Positivo)

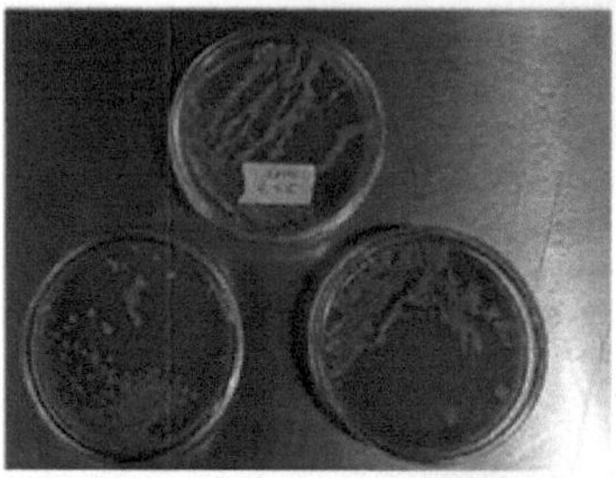

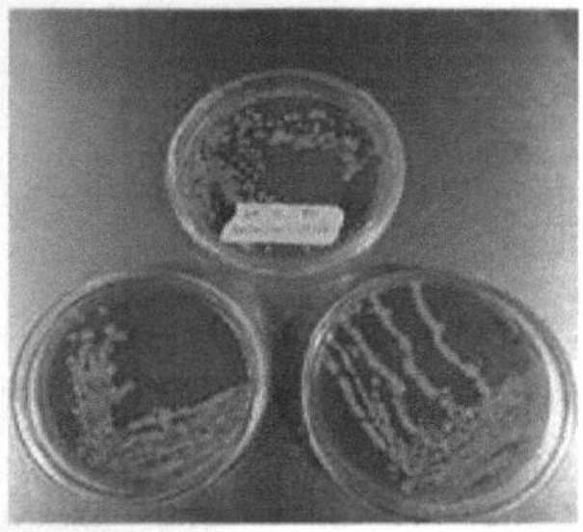

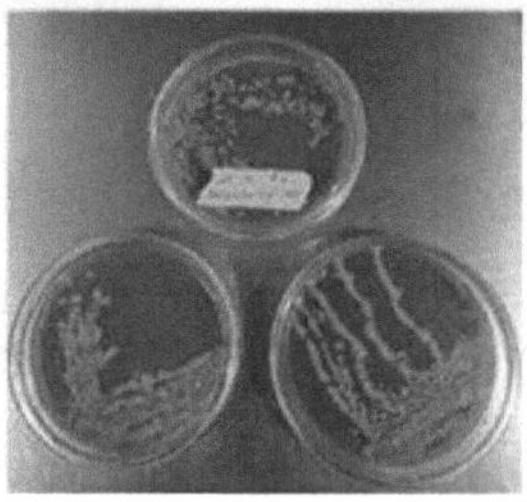

MIX
Papier aus verantwortungsvollen Quellen
Paper from responsible sources
FSC® C105338

Printed by Books on Demand GmbH, Norderstedt / Germany